忘記

忘記今早吃甚麼早餐；忘記剛吃過早餐。忘記今天星期幾；不再記得日子和時間，在熟悉的地方也會迷路。忘記東西放哪裡；把東西放在不適當的地方：食物放入鞋櫃、錢包放入雪櫃……前者偶然發生，可以是正常的老化，記憶力、判斷力、語言能力漸漸減退；然而當後者頻頻發生，就有可能患上認知障礙症。

香港認知障礙症
資源地圖

大銀 BIG SILVER

二零一五年成立的慈善機構，針對人生下半場三大不安：健康、經濟、孤獨，透過面書、《大人》雜誌、出版書籍等，連結民間組織、專業團體、商界，希望同香港人一齊儲人、儲錢、儲健康。

照顧者需要知識
更需喘息

「香港人大約有四份之一會死於癌症,你們認為多少人會死於認知障礙症?」最近在不同工作坊問道,大部份人都以為數目少得多,有兩次竟然有人舉手:「認知障礙症會死的嗎?」

認知障礙症前稱「老人痴呆症」,目前又稱「腦退化症」,台灣叫「失智症」。這種連名字也混亂的疾病,暫時藥物只能紓緩部份病徵,需要透過不同的活動和訓練盡量延緩退化。目前全港超過十萬名患者,二十年內會達到三十萬,大約有三份一香港人會死於這病。

患者初期出現失憶、幻覺、提不起興趣等種種病徵;中期開始失去自理能力,需要貼身照顧,晚期往往長期臥床、吞嚥困難 —— 整個過程可以長達十數年,照顧者的壓力非常沉重。根據提供腦退化服務的耆智園估計,香港當下八成患者仍然處於初中期,隨著病情發展,再加上人口老化患者人數增加,護理負擔勢將激增。

照顧者急需各種社區支援資源:找什麼醫生確診?那裡可以做訓練?會否有上門服務?什麼用具有效防止走失?當吞嚥困難時,要插鼻胃喉嗎?還有,最後一程如何早作安排?財政上辦理持久授權書、醫護決定要早商量……這本書,就是更新整理了《大人》雜誌過去一年的相關報導。

　　然而照顧者需要的，不止是知識。台灣家庭照顧者關懷總會的郭慈安教授反對不斷提供培訓課給照顧者：「我們不要更多super carers。」有研究指出：連續七十二小時照顧沒有離開家，抑鬱機會增加四倍，焦慮增加六倍 —— 照顧者需要的，是喘息。

　　我們也定期每月舉辦「大智飯局Dementia Café」，讓照顧者分享經驗，找到同路人，可以聊天，互相支持。活動詳情請留意面書「大銀Big Silver」。

　　這條路不易走，但願同行。

陳曉蕾

大銀總監 /《大人》總編輯

目錄

第四章　新界區照顧資源

①

AGING?
DEMENTIA?

文：陳曉蕾

第一章
照顧路線圖

是退化還是腦退化？失憶只是認知障礙症其中一個<u>病徵</u>，還有其他徵兆例如個性轉變、情緒起伏不定，較易焦慮、發脾氣，有些又會變得冷淡，對以往喜歡做的事失去興趣。這些情況也會出現在退休或喪偶，很容易被忽略。

認知障礙症小測試

認知障礙症並非因為年紀大退化，可以有藥物和非藥物各種治療。列表分數達到三分或以上，就要採取行動一可以先找機構評估，或直接找醫生確診，儘快開始治療，延緩惡化程度。

	是	否
1. 判斷困難，例如買了不適合物品回家	1	0
2. 對原有嗜好和活動的興趣降低	1	0
3. 重複相同的問題、故事，或同一句話	1	0
4. 難以學習使用器具、設備或電器	1	0
5. 忘記正確的年份和月份	1	0
6. 處理財務有困難，例如無法在銀行辦事	1	0
7. 難以記住約會時間	1	0
8. 持續出現思考和記憶問題	1	0
出現認知障礙症傾向		**總分 ≥3**

資料來源：智活記憶及認知訓練中心

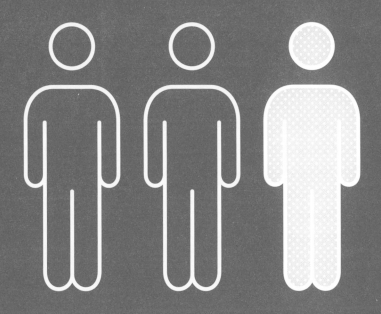

衛生署及中文大學醫學院研究指出：七十歲以上的香港人，每十人就有一名患者，<u>八十五歲以上每三個有一個</u>，可是這些患者當中，只有一成被確診，這比例相當低。

二零一六年「全球認知障礙症報告」指出在高收入國家，大約一半患者被確診，但中低收入國家由於醫療質素和服務覆蓋所限，確診比率只有約一成。香港作為高收入地區，相當落後，除了市民對認知障礙症認識不足，還關乎醫療和確診制度。

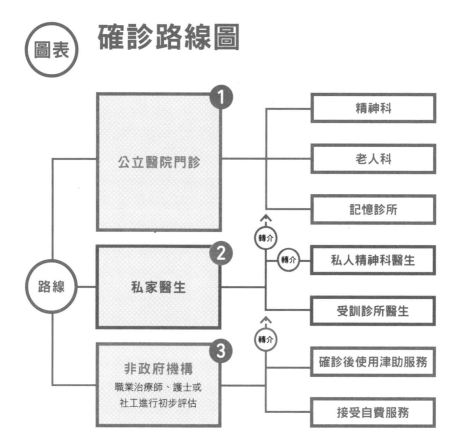

確診路線圖

確診檢測

醫生首先要向病人及家屬了解病人認知功能退化的情況及其他病症，接著醫生便替病人進行一些認知功能評估，以前常用為「簡短智能測驗」（MMSE）。由於近年需要收費，改用香港醫護團隊本地化的認知評估 HK-MoCA。

　　醫生會按需要再安排不同測試，例如電腦掃描（CT SCAN）或磁力共振（MRI），以檢查大腦是否萎縮、腦血管是否有問題等；驗血檢查看是否有其他病理因素，因血壓不穩、甲狀腺素分泌失調，維生素 B12 缺乏、甚至腎病、貧血、梅毒等都會出現類似認知障礙症。

1 公立醫院

在公立醫院負責認知障礙症的是老人精神科和老人科醫生，部份醫院設有「記憶診所」，這些專科醫生、專科診所，都要經公立醫院門診或私家醫生轉介。老人精神科輪候時間會比老人科更長，每區都不一樣，多名受訪社工表示在觀塘區要等二十七個月、北區要等三年。

2 私家醫生

私家精神科醫生診金大約一千元，連同腦掃描、驗血等需要大約八千元。

診斷是否患上認知障礙症，並不一定需要專科醫生。香港認知障礙症協會由二零零八年開始培訓私家醫生，可以在社區基層醫療確診認知障礙症，每年約有十數名醫生受訓。利希慎基金支持的「日樂社區認知友善計劃」和民政事務處撥款的「醫家行動」，分別培訓荃灣區、觀塘區、葵涌區的私家醫生。

3 非政府機構評估

香港約有二十間專為認知障礙症而設的自負盈虧日間照顧中心，大多有職業治療師、護士或社工可以初步評估。一些中心例如耆智園、香港認知障礙症協會等需要患者先有醫生確診，也有部份中心經過社工等初步評估，已經可以自費使用服務，同時再輪候確診。

如果要申請「長者社區照顧服務券」支付中心費用，需要先經過「安老服務統一評估機制」，就一定要有醫生確診。

早治療 遲退化

「當認知障礙症患者來問診時，記得起碼有兩位病人。」這是台灣醫護界常說的，認知障礙症的患病時間可以長達十數年，而且每位患者的病況都不同，照顧者極需支援。

認知障礙症的藥物暫時只能治療部份病徵，患者主要靠非藥物治療，包括認知訓練、現實導向、懷緬治療、多感官治療、日常生活技能訓練、音樂治療、健腦活動、手眼協調訓練等。照顧者可以幫患者做這些練習，請訓練助理上門，或送往日間護理中心。

這些訓練有效減慢退化，儘量把初期中期的時間延長。耆智園有些患者早中期開始訓練和運動，有位婆婆確診後十二年仍可以走路、可以進食，然後肺炎三日後離世。但香港大部份患者都是中期才被發現，沒機會接受訓練，很快就因為跌倒等失去自理能力進入晚期，然後被送入院舍，長期接受護理。

認知障礙症 能否預防？

認知障礙症目前成因未明，但在北歐地區發現長者患上的比例開始減少，醫學界有共識減少患病風險的方向，是強化腦部和健康，包括：

● 提高教育程度　　● 經常做運動　　● 經常參加社交活動

● 常有刺激腦部活動，如閱讀、下棋等

認知障礙症七成是阿茲海默症，小部份是路易氏體型認知障礙症等，有兩至三成是血管性認知障礙症，是因為多次腦中風引起，所以預防中風，亦會減低患上認知障礙症的風險。

認知障礙症發展

1 — 3 年

早期 ⟶ 善忘期

忘記最近發生的事;重複所做的事例如重複購物;遺失物件因而不斷懷疑被偷東西;決定及計劃事情能力下降;抗拒新事物;容易心煩急躁;難以理解別人感受等。

3 — 8 年

中期 ⟶ 混亂期

未能獨立處理日常起居生活;忘記如何煮食洗澡等日常活動;對時間及地點感到混亂;容易迷路;記不起家人的名字;出現幻覺幻聽;容易發怒;情緒低落等。

8 — 10 年

晚期 ⟶ 嚴重衰退期

失去理解、表達語言的能力;不能辨認日期、時間、地點、甚至家人;無法自理、失禁、需要餵食、不懂洗澡等;能力受影響,最後需要用輪椅或者長期臥床;感官機能衰退反應緩慢等。

選擇照顧培訓服務

隨著人口老化，全港認知障礙症患者人數急速增加，二零三九年預計起碼三十萬，上升近兩倍。政府一直被批評缺乏整全政策，目前應對似乎是「全民皆兵」，把現有安老機構及服務，擴充至認知障礙症患者和照顧者。

全港認知障礙症患者人數

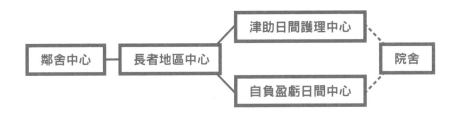

最專門

自負盈虧日間中心

截至二零一八年十月，社署名單有十八間向認知障礙症患者提供服務的自負盈虧日間護理中心，再加上私營機構，約有二十間。

這些中心主力提供非藥物治療：包括認知訓練、現實導向、懷緬治療、多感官治療、日常生活技能訓練、音樂治療、健腦活動、手眼協調訓練等。這些中心需要用者自費，每日費用大約三四百元，車費視乎地區大約一百元。

等最耐

津助長者日間護理中心

截至二零一八年十一月，社署名單上有七十六間津助的長者日間護理中心，可以為認知障礙症患者提供服務。這些中心都是混合式，還有中風、柏金遜症等病人，由於認知障礙症人數眾多，亦有小部份中心專為認知障礙症患者設計活動。

申請可經綜合家庭服務中心、長者地區中心、長者鄰舍中心、社會福利署或醫管局轄下醫務社會服務部，接受「安老服務統一評估」，獲批後開始輪候，一般要等一、兩年。這些津助中心用社署收費標準，大約每月一千元，包膳食，來回車費每月三十元。

最便宜

社區照顧服務券

政府近年引入長者社區照顧服務券，部份自負盈虧的日間中心亦可使用服務券，使用者按經濟狀況支付，費用可低至每月四百多元。

服務券是受邀使用的，患者要先經過安老服務統一評估輪候院舍及/或社區服務，就有機會被邀請使用服務券，目前輪候時間一般在一年內，有個案更快至四個月。不過年齡未及六十歲，或因身體健壯未能通過安老服務統一評估的，仍然要使用自費服務。

最新

長者地區中心

四個醫院聯網在二零一七年在二十間長者地區中心試行「智友醫社合作計劃」，並會在二零一九年擴展到全部七個醫院聯網及四十一間長者地區中心。計劃暫時主要由醫管局把老人科或老人精神科的認知障礙症病人，轉介到地區中心，地區中心再聘請護士和職業治療師為患者設計護理計劃，並提供培訓，包括認知能力、家居安全知識、自理能力、身體機能和社交技巧等，並有職業治療師上門視察家居安全。計劃主要使用醫療券每月二百五十元，長者生活津貼和綜援人士免費。

早發現

鄰舍中心

部份長者鄰舍中心開始協力支援認知障礙症患者，亦有專門提供給初期認知障礙長者的活動，例如路德會「腦玩童俱樂部」設有預防長者腦退化的玩具圖書館，讓長者透過智能玩具訓練認知能力和社交，亦讓照顧者可以借玩具回家，繼續練習。目前已經推廣到六間長者中心。

要送院舍嗎？

雖然患者使用日間中心，可以減低入住院舍的需要，繼續留在家裡，然而一些患者到了晚期嚴重衰退，照顧者未必有能力護理。

有受訪社工建議家人預早申請津助院舍，以免患者突然跌倒、肺炎，之後被迫送去私營院舍。也有照顧者會找本身有自負盈虧床位的津助院舍，在患者身體情況較差的日子暫時送入院舍，用自費方法付款；這樣在等候津助床位的期間，患者可預早熟習該院舍，照顧者亦較有彈性安排護理工作。而耆智園有「回家易」離院復康計劃，會提供四星期住宿及八星期日間護理服務，減少患者出院後要長期入住院舍。

靈實怡明長者日間護理中心營運經理郭碧説，中心曾經有婆婆出院後無法走路，兒子想送去院舍，她勸那兒子繼續帶婆婆來日間中心復健，婆婆後來能再走路，可繼續留在家裡。「可是獨居長者就沒辦法，我們有一位伯伯患了認知障礙症但很想待在家裡，我們請他一周七日都來中心。他後來進醫院，自己堅持出院，我還派同事夜間上門照顧，但同事説太難護理，最後伯伯要進老人院。」她不禁説：「香港無法自理的獨居老人，可以留在社區的機會好微。」

25

HONG KONG ISLAND

文：陳曉蕾、林茵、王寶瑩

第二章
港島照顧資源

港島區共有四間專為認知障礙症而設的自負盈虧日間中心。

其中一間東華三院長者智晴坊中心主任李卓穎表示，港島區居民大多會為患者聘請外傭，較少知道可以送到中心接受訓練，她知道有一家甚至請了四個外傭：「二十四小時有人照顧，但患者缺乏運動和訓練，沒法延緩退化。」

聖雅各福群會
健智支援服務中心

**西環德輔道西
466 號 3 字樓**

- 自費
- 二零一八年底完成大裝
  修成為三層主題式中心

電話 2816-9009
電郵 kin_chi@sjs.org.hk
時間 周一至周五
9:30am-3pm
名額 每日 35 人
收費 $360/ 日、$280 半日
（包膳食、來回車費 $80-
$140，港島西及南區）

中心早在一九九九年開辦，員工和患者關係親密，十月完成大裝修，除了原有三層日間中心位置外，一樓及二樓亦會有不同的主題及設施，如電玩、運動及飲食等。中心和中西區長者地區中心合作，在地區中心舉辦「憶力多天地」：「五蚊食腦下午茶」，即飲飲食食加活腦遊戲；桌上遊戲「激腦大笪地」；打麻雀「腦動樂」；電腦遊戲「激活我個腦之玩樂達人」；烹調補腦中西食品「食腦廚房」等活動，以活潑及低廉收費吸引長者參加，再轉介到健智支援服務中心。「很多長者不能一下子習慣全日去護理中心，要由三小時的活動開始，也讓照顧者可以透透氣。」社工解釋。

灣仔

香港認知障礙症協會
芹慧中心

**皇后大道東282號
鄧肇堅醫院一樓
芹慧中心**

- 自費
- 可以使用長者社區
  照顧服務券
- 「亦師亦友」計劃

電話 3553-3650
時間 周一至周六
8am-6pm
名額 每日40人
收費 $400/日（包膳食）、
$200/半日，（來回接送
$85-$130，灣仔至柴灣）

中心在鄧肇堅醫院一樓，已有十年歷史，集合好些有心家屬，現主力推行亦師亦友計劃，由兩位有經驗的家屬，義務帶著六位剛有親友患病的家人，作小組支援。

「好些有心的過來人接受了培訓，幫其他家屬做同路人。」經理張麗文說。香港認知障礙症協會有四間中心的患者家屬，每月都會集合在芹慧中心開家屬會，也吸引了一些來自其他中心的家屬來互相支援。計劃得到滙豐150週年慈善計劃支持，一共可以有二十位「師」、六十位「友」。中心約四千呎，大廳及兩個活動室每日有四十個名額，目前大約要輪候兩至三個月。「港島區的居民經濟較佳，中心一直以來自負盈虧，患者並不會因為錢轉去津助的長者日間中心。」張麗文說也有轉去津助的中心後，長者被安排長時間坐在椅子上被枱板隔著，腳也腫了，家人最後還是再安排回來。

中心還會支持全港九的到戶訓練，首次到戶會有職業治療師評估家居需要，一星期一次上門培訓患者和照顧者。

灣仔

聖雅各福群會
灣仔健智支援服務中心

**灣仔堅尼地道
100 號 2 樓**

● 自費
● 分流照顧

電話 2816-9009
電郵 kin_chi@sjs.org.hk
時間 周一至周五
9:30am-4:30pm
名額 每日 60 人
評估 精神科醫生確診 $1200
收費 $430/日、$320/半日
（包膳食，來回車費 $60-
$100，灣仔至東區）

中心刻意設計很多轉彎位，分別是懷舊閣、圖書室、飯堂、工藝室、活動室等，讓患者可以不斷走動，健身器材安裝了熒幕，可以一邊健身一邊看短片。有別於一些中心使用約束方法限制患者活動，這裡反而鼓勵走動。服務經理岑智榮解釋：「把長者困在椅子上，他們一定不想再來，但其實行走是運動，三份一認知障礙症是因為中風引起，增加運動可以減低中風機會。」

患者若有情緒問題，就可以進去兩間安靜房，有年輕的工作員會以長者的興趣和強項作題材，使長者投入活動，協助穩定情緒，減少混亂的情況，每月兩次由醫生駐診，歡迎預約。

中心曾與同會的幼稚園合作，在藝術治療專家帶領下進行活動和表演，幼稚園學生需為身邊兩位長者填寫問卷，十條問題旨在展示長者的認知情況。「平時長者不肯填問卷，但孫仔叫到一定肯填，那就可以提早發現問題。」岑智榮說。

按能力分類服務

一般的津助日間護理中心雖然過半都是認知障礙症患者，但因為還有中風、柏金遜症等患者，並不是每一間都可提供針對認知障礙症的服務。

聖雅各福群會就善用地方及財政資源，自行把認知障礙症的服務分類。石水渠街和堅尼地道有兩棟大樓，一共有三個單位提供日間護理服務，分別服務三類患者：行動能力尚可，但認知能力較差；認知能力較佳，但行動能力較差；認知和行動能力都較弱。「三類長者需要的活動和照顧都不一樣，我們是刻意分開，讓政府知道這才是合適的做法。」服務經理岑智榮解釋。

位於石水渠街大樓二樓的悅仁軒照顧四十八位認知和體力都較弱的長者，主要是讓家裡的照顧者可以透透氣，早上送來，下午四、五點接回家。體力較弱但認知較佳的會分流往堅尼地道大樓七樓的悅勇軒，五、六十人幾乎都是坐輪椅或者使用步行架，有多件油壓式的運動器械，會自動感應長者的力度，輕至兩隻手指都可以推動，力氣較大的就會加重器械的重量，讓長者更有信心做運動。

二樓的悅智軒就是體力較佳的認知障礙症患者。三個單位都屬於政府津助的柏悅長者日間護理中心，參加者需輪候，而自負盈虧的健智支援服務中心與悅智軒共用地方，各用一半名額。

申請津助的日間護理中心在港島區需要輪候一年，在未排到時，就可以先使用收費較貴的自負盈虧日間中心。

有些患者未滿六十歲，或者體力非常好，沒法通過統一評估得到津助日間護理中心的服務，只可以使用自費服務。

東區

東華三院
長者智晴坊

北角道 16 號
蘇浙大廈地下

- ● 自費
- ● 心身機能活性運動療法

電話 2481-1566
電郵 acsc@tungwah.org.hk
時間 周一至周六
9am-4:30pm
名額 每日 15 人
收費 $380/日、$200 半日
（膳食 $32，車費 $45-$90）
到戶訓練 $2,200/11 堂基本
家居訓練、$2,500/11 堂（包
6 次心身機能活性運動療法），
每堂一小時

從日本引入心身機能活性運動療法，強調護理員與長者的交流。長者來到會先享用溫熱療法：在溫熱的麥飯石墊上做手部按摩，再搥打按摩肩、背、足、膝，紓緩情緒和減輕疼痛；再以矽膠手指棒刺激穴位；然後透過帶氧運動「健康環」強化肌肉；再一起做體操。下午並有結合門球、高爾夫球、賓果投擲的高爾槌球，以小組比賽形式進行，同時強化大腦、上肢肌力、社交能力。

「用這套療法最大幫助是患者的生活質素，有些人情緒明顯變得穩定。」主任李卓穎說：「家人也說這麼多活動，患者回家後睡得好好。」

智晴坊地方較狹窄，客廳勉強劃分一間只能容納十五人的房間。樓上是東華三院自負盈虧的富晴長者日間護理中心，可以使用長者社區照顧服務券，名額二十人，八成使用者都是體力和認知能力較弱的認知障礙症患者，較多身體復健練習，亦按需要提供洗澡服務。

護理中心有一間房使用兩套模擬場景，讓患者「置身」街市或酒樓，循日常生活如買東西和飲茶訓練認知。

黃竹坑醫院
耆趣一條龍服務

黃竹坑徑 2 號

● 短期
● 醫社合作

電話 2873-7256
電郵 wchh_enquiries@ha.org.hk
時間 10am – 3pm
名額 每日 12 人
收費 $60/日（包膳食，交通自行處理）

黃竹坑醫院位於綜合服務大樓內，罕有地設有專門服務認知障礙症患者的日間護理中心。耆趣一條龍服務是醫院嘗試和社區合作的項目，精神科會轉介六十五歲或以上的輕、中度認知障礙症患者，接受每周兩次的日間護理及復康服務。活動包括透過遊戲訓練手部活動及平衡力，保持身體機能；職業治療師用懷緬治療，把中心的膳食坊和書畫坊佈置成上世紀七十年代的模樣，如放置古老茶具、熨斗及衣飾等，引導患者回憶、思考及表達，以改善情緒及社交能力。這服務為期僅四個月，若想重複參加，需在半年後再報名。目前輪候時間視乎病情，由半年至一年不等。

KOWLOON

文：陳曉蕾、林茵、姚敏惠

第三章
九龍照顧資源

九龍區共有六間專為認知障礙症而設的自負盈虧日間中心，其中三間都位於觀塘，有社工開玩笑說要「搶人」。部份中心除了可以使用服務券，亦申請基金提供慈善名額，基督教家庭服務中心的智活記憶及認知訓練中心則提供全港到戶訓練服務。

東華三院
梁顯利長者日間中心

觀塘順利邨利富樓
三樓 F09-F15 號舖

● 自費
● 可以使用長者社區照顧
　 服務券
● 5,000 呎空間

電話 2651-5500
電郵 hlcsce@
tungwah.org.hk
時間 周一至周六 8am-6pm
名額 每日 80 人
收費 $270/ 日（包膳食，九
龍東接送 $80）、經濟有困難
的長者 $50/ 日）
評估 社工免費評估，一、兩
個月內可轉介老人科醫生確
診，面診、驗血、腦部掃描
全部免費。

二零一四年啟用，佔地五千呎非常寬敞、新淨，每天八十人會分佈在不同的活動室進行心身機能活性運動療法。主任周栢迪表示效果很好：「有位婆婆之前是要坐輪椅的，半年後可以走路。」他拿著相片顯示之前和之後的分別：「認知障礙症患者的手指容易僵硬，但在日常生活拿一杯水都會用手指，這些手指環有助擴張手指、刺激手部穴位，整個人都可以變得靈活。」

中心最近開始提供心身機能活性運動療法的到戶服務，如長者行動不便到中心，或中心沒有名額，可由受訓的指導士帶同器材，上門服務。收費為五百元一節，一節兩個半小時，每次會進行體操、溫熱療法等等。中心每兩星期會有中醫義診，只需支付藥費，並有床可以進行針灸。中心亦設有舊式影樓進行懷緬治療，也讓患者可以和親友拍攝全家福。

目前八十個名額有五十個是使用服務券，三十個由攜手扶弱基金支持，綜援人士而又未輪候到服務券的，就可以每天五十元使用服務。至於經濟能力尚可，又未申請到服務券的，就要支付每日二百七十元的費用。

觀塘

基督教家庭服務中心
智活記憶及認知訓練中心

九龍灣彩霞邨彩星樓地下4號

- 自費
- 可以使用長者社區照顧服務券及醫療券
- 上門服務

電話 2793-2138
電郵 mlc@cfsc.org.hk
時間 周一至周六9am-6pm
名額 每節20人，一日兩節（10am-1pm 或 2pm-5pm）

智活推行半日制全方位認知訓練班，並積極提供上門訓練服務，鼓勵混合使用。訓練班有不同形式和程度的小組活動，職員參考外國課程自行研發教材，例如港鐵定向能力、超市找贖等。照顧者可以藉此機會休息外，中心還有各種減壓服務：按摩、輔導、痛楚紓緩服務等。

患者還可以參加製作防蚊磚、防甲由磚的工作坊。「觀塘很多長者以前是工友，習慣一條line工作。」服務總監唐彩瑩說他們會分工流水作業式製作，當中有社交、認知、手眼協調等訓練，賺得工作時數，中心會帶他們去飲茶。

這些防蚊磚、防甲由磚會用作禮物，派給「四彩」（彩霞邨、彩盈邨、彩福邨、彩德邨）的街坊，社區投資共享基金資助為期三年在「四彩」建立認知障礙症友善社區，培訓保安員、找義工上門探訪、讓店舖成為關懷患者的愛心商舖等，此計劃由二零一九年轉為至南區提供服務，服務推廣主任吳銘偉指南區欠缺相關的服務，所以會在香港仔湖北街12號裕景中心21樓01室開設新中心，提供的活動及收費，跟觀塘中心都差不多，而且同樣會促

收費 $280/每節三小時
（不包午餐，來回車費$90-$120，九龍東、九龍西及將軍澳區）

到戶訓練 每堂1小時：
$320（九龍區）、
$400起（新界及香港區及南區等港鐵沿線）；
$490（偏遠地區包括港島半山、元朗、天水圍等）

職業治療師評估費用
$600（中心評估）；
$720（九龍區到戶評估）；
$800起（新界及港島區到戶評估）

進社會人士對此患症的認識，建立認知障礙症的社區。

另外，關於認知障礙症的確診，中心可在一周內安排職業治療師在中心或者上門評估，在開始培訓的同時轉介到私家診所、私家精神科醫生或公立醫院輪候。由於區內的聯合醫院除了精神科，還有老人科醫生會診斷認知障礙症病人，輪候時間約為一年半。亦有私家醫院的醫生提供少量義診。

上門做訓練

智活是全港最早積極提供上門訓練服務的機構，並且有職業治療師上門進行評估，目前上門的家庭數目超過二百個，其中七十多個是自費，其餘使用長者社區照顧服務券。

「在家裡才會知道患者平日遇到的問題，若有行為問題，亦較易找到原因和解決辦法。」基督教家庭服務中心高級服務經理吳美娟解釋，上門服務一個課程共有十八節，包括生活技能訓練、社區生活導向、認知訓練、家居安全、自我照顧、防走失訓練等，治療師助理會再按不同情況變化，聯繫大廈管理員、店舖職員等，建立社區支援網絡。出現嚴重行為問題的，會有註冊職業治療師或社工進行個案管理，度身訂做訓練課程。

一些患者晚期被送入院舍，「院舍一般都沒有甚麼訓練，甚至會被綁起來約束行動，家人看見患者行動或認知能力急速下跌，便會找我們繼續去院舍做訓練。」吳美娟說。

基督教家庭服務中心還有童耆高飛計劃，津助基層小四至中三的學生一年的補習費和興趣班，然後接受魔術和園藝訓練，再探訪區內長者。服務總監唐彩瑩說：「有些長者沒法付款接受上門訓練，也可以有學生來探望。」部分學生與長者居於同一屋邨，可以成為朋友互相幫助。

智友醫社同行

智友醫社同行計劃由食衞局牽頭，成員包括社會福利署、醫院管理局、非政府機構的代表等，經過兩年試驗期後推廣到全港所有四十一間長者地區中心，預計可以服務大約六千名患者。

　　樂暉長者地區中心是最早一批試行，中心主住張燕琳坦言遇到相當多困難，雖然有額外二點五個人手，包括職業治療師、社工、半職護士，但沒有額外地方。更大問題是醫管局轉介來的患者，很多病情已達中度。患者使用「整體衰退量表」（GDS），本來預計來的是三、四級，中度的第五級應稍後有經驗才接待。「可是收到的第一位患者，已經是第五級，其他十多個個案，大部分是第四級，和我們之前預備的工作很不同。」張燕琳解釋，同事準備以小組加強認知訓練，但中度患者需要更多個別護理：「最弱那位會在家失禁，家人也不願帶來中心。」

　　耆智園二零一九年開始培訓所有長者地區中心的相關工作人員，提高支援患者和照顧者的能力。智友醫社同行計劃目前由醫管局轉介患者，中心希望下階段亦可以為疑似患者的中心會員提供服務，加快轉介給醫生確診。

基督教服務處
樂暉長者地區中心

觀塘彩福邨彩樂樓地下

● 津助
● 智友醫社同行計劃

電話 2717-0822
電郵 bdecc@hkcs.org
時間 周一至周六 8am-6pm

樂暉長者地區中心是首二十間參與智友醫社同行計劃的中心之一，訪問當日，大約三十名患者及照顧者一起在一間大房聽講座，題目是家居安全。房外長者在玩桌上遊戲，另有大學生在房間討論如何在中心加設適合認知障礙症患者的指示牌。

患者需要由公立醫院轉介，可以得到職業治療師家訪，有社工和護士設計合適的護理方案，訓練包括改善認知能力、家居安全知識、自理能力、身體機能和社交技巧等。中心會支援照顧者，提供支援小組和輔導服務。計劃收費每月二百五十元，可使用醫療券，綜援或長者津貼受助人可免費。

仁愛堂
歐雪明腦伴同行中心

**觀塘順安道 9 號順天邨
天瑤樓平台 201 號舖**

- 自費
- 可以使用長者社區照顧
  服務券
- 認知障礙症友善空間

電話 2323-4448
電郵 eldergarten@yot.org.hk
時間 周一至周六 8am-6pm
名額 每日 25 人
收費 $175/ 半日，$290/ 全
日（每周一日）、$270/ 全
日（每周兩日或以上）（包膳
食，車費來回 $80-$90）

認知評估 由職業治療師進行
$450/ 次，可用醫療券，評
估後提供醫療轉介

開辦時曾找專人設計成認知障礙症友善空間，設備齊全，可同時容納三十多名會員。有多個主題房間及分區，包括藝術創作室、懷緬治療及音樂室、香薰室、電腦室、園藝區、飯廳、電視廳和醫療室等。由於不少會員年屆八、九十歲，訓練內容少用電腦，較著重藝術創作和康樂活動。

中心會定期請香薰治療師為長者做按摩，經理蕭婉容說：「主要是夜晚不願睡覺的患者，除了在香薰房按摩，也會做些香包給他們帶回家放枕邊，家人反映長者睡眠質素有改善。」有些患者因認知能力衰退，對周遭環境感不安，或以為自己仍在上班，肌肉和神經長期繃緊，都可以香薰按摩協助放鬆。中心亦重視照顧者支援工作，除講授照顧技巧外，會定期聚會，為照顧者辦紓壓活動，如歷奇遊戲、運動和旅行等。

友善設計

為認知障礙症患者設計空間有兩大重點：用醒目提示導向需要注意的地方，同時把可能造成危險的地方隱藏。

仁愛堂歐雪明腦伴同行中心由專家設計，不同功能的房間髹上不同顏色，並展示相關物件，例如藝術房貼滿畫作、懷緬治療的道具放在玻璃櫃裡、飯廳掛上食物圖畫等，對比鮮明。

中心內的指示以圖像為主，如男女廁門有大幅公公婆婆圖畫。「我們不貼箭嘴，因認知能力較弱的長者其實沒法理解箭嘴的意思。」本身是職業治療師的中心經理蕭婉容説，類似技巧也可應用於家居，如臥室、廚房和廁所門用不同

顏色或物料；重要物品放進鮮色箱子及當眼處，讓患者容易找到。患者專注力較弱，亦有遊走傾向，中心各房門和大門都盡量做得不起眼。

例如房門跟門框跟牆身同色，患者以為是一整幅牆，較少在活動途中想要離開。入口大門做了磨砂玻璃，免外界風景分散注意力；防火門不能改裝或上鎖，就用一大幅白窗簾把門遮住。

飯廳的桌椅是特別為患者設計的花形枱，患者坐在「花瓣」之間的凹陷處，椅子兩邊扶手會自然地把患者圍住，不易在吃飯時離座。

東華三院
「智圓全」長者日間服務中心

**九龍何文田常盛街18號
何文田邨景文樓地下C翼**

● 自費
● 家訪

電話 2714-9419
電郵 wct-coc@tungwah.org.hk
時間 周一至周六9am-5pm
名額 每日28人
收費 $280/日（包膳食）、經濟有困難的長者可申請資助，收費因應情況而訂
家訪及試用： $1,500（社工上門，加三日試用中心服務）
（記憶診所評估） 社工免費評估，兩個月內可轉介廣華醫院老人科醫生確診，面診、驗血、腦部掃描全部免費

這是東華三院第一個機構向認知障礙症患者提供日間護理，並使用日本引入的心身機能活性運動療法。中心剛裝修，劃分成三個活動室，讓長者可分組進行活動。

副主任徐佩玲希望患者仍然與社區有連繫，曾經與一間中學合辦工作坊，學生要來中心四天帶活動。「學生的反應很感動。」她說有學生自言從小以為成績好才會開心，見到長者原來很簡單就可以開心，感受很大。

有學生學習唱歌多年正想放棄，剛好遇到的患者是老師，勸她不要放棄，學生很受鼓勵。「我希望大家不要覺得患上認知障礙症就等於沒用，他們仍然可以與人交流的。」徐佩玲說。

有些患者已經入住院舍，間中會回中心參加活動，有學生來幫他們記錄生命故事，分享會時學生說：「婆婆話人生最緊要自由。」婆婆的女兒聽了說：「我不知道阿媽的信念是自由，但阿媽一直給我們幾姐妹自由讀書、做工。現在住的老人院，晚上會把阿媽綁住，我今天會去講：阿媽仍然有少少能力，晚上不用綁了，自由對她是很重要的。」

家人一起談

照顧認知障礙症患者的責任往往落在個別家人身上,不是同
住的親友不清楚情況,不易一起作決定。

　　智圓全副主任徐佩玲堅持所有患者來中心之前,先行家訪,除
了解患者日常生活,亦和家人建立關係:「我希望家人參與照顧,
不是當送患者去幼稚園。」家屬之後要參加智友會,一年見面六次,
其中兩次包括與患者一起旅行。徐佩玲逢周六不停開家庭會議:
「一家有幾兄弟姐妹,逐個談不如一齊談,大家也可以面對面知道
彼此的看法和付出。」

　　她提起有認知障礙症的婆婆患癌,醫生建議做腸造口,子女
想媽媽做,但爸爸不想。「我反問子女:想像媽媽插了造口袋,她
很可能會拔掉,那就要長期綁手。」全家認真討論,決定順其自然。
另一位認知障礙症的婆婆,丈夫在醫院垂危,子女沒法決定是否讓
媽媽見最後一面。「爸爸會否也想見媽媽?」徐佩玲提出後,家人
馬上接媽媽去醫院。

　　徐佩玲亦會協助家人面對患者離世。患病的婆婆半夜去廁所跌
倒,伯伯聽力不好,第二天早上才發現急送醫院。徐佩玲陪伯伯去
醫院,特地帶了「咪高峯」,讓伯伯可以大聲一點向婆婆說話。婆
婆去世後,子女想直接由醫院出殯,但徐佩玲和伯伯談過,知道
他想在殯儀館守夜,「婆婆跌倒太突然,伯伯自責,想為太太做點
事。」子女同意了。

保良局
朱李月華
長者日間中心

**深水埗白田邨第十三座
地下 19-27 室**

● 津貼

電話 2779-4418
電郵 shamshuipo@
poleungkuk.org.hk
時間 周一至周日 8am-6pm
名額 每日 80 人
周日特別名額 名額 10 人（不需經社署派位）
收費 $41.5/日（包膳食及深水埗、黃大仙區接送）

保良局沒開辦自負盈虧的專門服務，而是在社署資助的日間護理中心和院舍額外提供認知障礙症訓練和服務。保良局高級安老院舍服務經理黎妙妍解釋，社署派來的申請人，半數已確診認知障礙症，例如朱李月華長者日間護理中心，除五成長者確診外，還有四成經職業治療師檢測發現有認知能力衰退。

中心主任譚巧蘭認為，把認知障礙症長者分開做訓練是好的，但日常生活打成一片可以有更多交流，但機構就要付出額外資源提供音樂治療、香薰治療等，需要時中心會派外聘職業治療師上門，檢視患者家居環境、教外傭照顧技巧。

保良局在二零一七年八月開始推行無限創意．生活延智計劃，在創意活動中滲入訓練元素，例如指導他們完成較複雜的手工藝創作，用編織機織頸巾衣物，教煮舊式點心及 fusion 菜等，長者學到新技能，還可帶回去與家人分享；並有一環節稱為「正念齊共賞」，讓每位長者都當一日主角，向院友分享自己的故事。

如何與患者溝通？

部分業界人士和家屬要求開設專門服務認知障礙症的中心，因患者較一般長者難照顧，保良局的應對方法主要是加強員工培訓。

朱李月華長者日間護理中心主任譚巧蘭說，患者通常是初進中心時情緒行為問題最嚴重。對於不願到中心的長者，他們會派職員上門先做簡單訓練，建立了信任才帶他們到中心玩一會，慢慢增加次數和時數。中心也試過有職員被患者打，「後來同事就發明了方法，要行近他時，先一臉熱情地握著他雙手打招呼：『陳婆婆你好！』如果他用粗口罵你，就說『哎唷，我哋斯文嘅。食早餐未呀？』談別的事把他注意力引開。」

「那心態是不可以太認真，但亦要好認真。」譚巧蘭說，「有個婆婆，我經常問她今日幾歲？因為她有時記得自己十二歲，你不能跟她談婚後的事，轉頭她二十五歲，又有另一些經歷。有時她又說：『你都癡線！我十八歲咋，都未嫁。』那就未嫁吧，問她想不想嫁？她又會提起其他事，你要認真聆聽她，對人生怎樣看、與家人的關係，想想怎樣在這基礎上把她帶向正面的想法。認知障礙症個案的內容好豐富，只要你有好奇心，和他們相處好有趣味。」

譚巧蘭觀察到不少認知障礙症長者都有抑鬱：「他們由有能力變到無能力，內心好失落，但又表達不到，讓患者感到『我還有用』是好重要的。」有個認知障礙症婆婆從前做樓面主管，職員曾經請她幫忙收拾，不料婆婆做上癮，之後幾年都主動執碗抹枱、派碗派筷子。也有患者從前是教師，初到中心時不斷教訓姑娘，挑剔服務，後來姑娘每朝一見他就喊「老師早晨！」向他請教各種問題，「他答時要表達，無形中就做了訓練，而且覺得好有尊嚴。」

香港認知障礙症協會
智康中心

**九龍黃大仙橫頭磡邨
宏業樓地下**

- 自費
- 可以使用長者社區照顧
  服務券
- 認知能力評估中心

電話 2338-2499
時間 周一至周六8am-6pm
名額 每日36人
收費 $320 / 全日（包膳食）；
$160 / 半日（不包餐），車費
$95-$120 黃大仙到深水埗
評估 認知能力評估中心初步
估評 $450（需確診才可使用
服務）

中心剛翻新兩間房，患者一日的活動流程如下：
現實導向、運動、茶點、小組活動、午膳、個別訓
練、現實導向、小組活動、茶點。

香港認知障礙症協會使用「六藝」全人多元智
能健腦活動，包括：「禮」：群體活動、社交活動；
「樂」：聽音樂、唱歌；「射」：專注力及手眼協調，
例如陶瓷、繪畫、手工藝；「御」：運動、舞蹈、太
極；「書」：閱讀、寫書法、文字遊戲；「數」：運算
技巧、下棋、用電腦等。

中心旁邊就是認知能力評估中心，註冊護士王
愷琪透露，目前在九龍東輪候老人精神科、老人
科、腦科，大約需時九至十八個月。經初步評估
後，可以轉介到佐敦、觀塘、大埔、天水圍四間
基督教聯合那打素社康服務（面診二百至二百二十
元；檢測視乎需要由七百多至三千三百元）。時間
可以快至一至兩星期完成。

受虐者自理能力，
求助無門？

需要照顧的長者，在求助方面往往較被動。

香港防止虐待長者協會副總幹事余嘉龍說：「沒有自理能力的長者，受身體虐待的機會較大。因為照顧者壓力大，容易傷害長者。」東華三院芷若園社工隊長謝詠賢也說：「我相信體弱長者面對虐老的機會相對高，而且他們求助亦有困難，因為不論經濟上和照顧上也需要依賴照顧者。」長者害怕求助後沒人照顧，只好啞忍。

不能自理的受虐長者求助，會由社工陪同到醫院，由醫生診斷及治療。萬一需要報警，醫生的報告亦可作為證據。防止虐待長者協會在大時大節會舉辦長者探訪、長者飯局等大型活動，目的是辨認一些有需要的長者。「這些個案我們會先讓長者地區中心跟進，如發現不能解決，再轉介給我們處理。」

謝詠賢認為，體弱長者尤其需要靠熱心市民、鄰居和中心社工幫忙，特別是行徑比較奇怪的長者。她憶述：「曾經有位患有認知障礙症的婆婆被家人虐待，躲到教堂去。當時並非教堂開放時間，職員覺得奇怪，嘗試跟她溝通，她卻只懂說鄉下話，談了很久才知道她受虐待，最後轉介到我們的中心。」

其他五間婦女庇護中心只接收有自理能力的女長者。明愛向晴軒高級督導主任王翠珊稱，向晴軒避靜中心不設接收年齡上限，但要求入住者有基本自理能力。「近年多了認知障礙長者想入住，但即使是很初期的，我們都幫不了忙，因沒有守衛，長者可自出自入，容易走失。」中心也不收有急性疾病的長者，因為沒有護士，亦沒有特地為長者生活而設的設備。

和悅會
耆智中心

**九龍紅磡蕪湖街118號
俊暉華庭1樓**

● 自費
● 可以使用長者社區照顧
　服務券
● 員工比例 1:4

電話 3905-1388

網址 www.woopie.org.hk

時間 周一至周日9am-1pm;
1pm-5pm（黃昏時段6pm-
10pm）

名額 每日38人

中心收費 $436/日（包膳食）、
$218/節、每節4小時中心及
家居混合服務

上門服務 家居及護送服務
（$132/時）；復康運動、護理、
家居環境安全評估、培訓照
顧等（專業人士$832/時；助
理$218/時，最少三小時）

私營機構面積過千呎，會所式設計，參考日本同類中心設計，佈置舒適，到訪需換拖鞋，鞋內有防走失裝置。經理伍婉媚表示：「我們以人為本，可自行活動就不坐輪椅，可去洗手間就不用尿片，雖然工作量更多，但會員安心得多。」恆常認知訓練和活動外，更有減壓的手部香薰按摩。一般津助長者日間中心的人手比例是一對七，和悅會是一對四。另設有黃昏暫託服務，由下午五時至九時。會員可以在這裡吃晚餐，還有家居和上門的混合月費模式，選擇有彈性。另外中心自設慈善基金，滿六十歲、沒有服務券可申請，經審核最多減免三成服務費。目前毋須輪候。

油尖旺

循道衛理楊震社會服務處
健憶長者認知訓練中心

九龍窩打老道 54 號 1 樓

- 自費
- 可以使用長者社區照顧服務券
- 洗澡服務 $105/ 次

電話 2251-0890

電郵 wkccs@yang.org.hk

時間 周一至周五 9am-6pm；周六 9am-1pm

名額 每日名額 40 人(12 人一班)

中心收費 $340-400 全日、$220-260 半日(包膳食,來回接送)

位於社區綜合服務大樓,面積僅五百呎,但包括小休的房間、訓練、園藝、運動、娛樂等設施,佈置參考外國同類中心,把門佈置成隱蔽式,用畫佈置成舊店舖,防走失亦喚起會員舊記憶。走廊設有遊走徑,殘障廁所加上淋浴設施。中心主任陳秀雲表示:「中心宗旨是幫助家屬,所以每節每班只有十二位會員,方便個人認知訓練。如果會員遊走,我們會陪他在遊走徑散步,了解背後原因,有時可能因為覺得太熱。」在家抗拒洗澡的,也可找護理員幫忙。目前輪候時間約需九個月至一年。

NEW
TERRITORY

文：陳曉蕾、林茵、姚敏惠、王寶瑩

第四章
新界照顧資源

新界區的日間中心多集中在荃灣、沙田、屯門，其他地區的服務相對較少，雖然中心可以安排交通接送，但名額有限。而患者自行乘坐公共交通工具，有機會走失。

信義會
延智會所

沙田新田圍邨康圍樓5樓

● **自費**
● **大屏幕電腦遊戲**

電話 2698-4822
電郵 smartclub@elchk.org.hk
時間 周一至周五9am-5pm；周六9am-12:30pm
名額 每日15人
收費 $225/半日（車費$65-$75，沙田及馬鞍山）月費計劃$1930至$4825

主要服務輕度患者，營造輕鬆環境，裝潢如家居，減低抗拒。會所有幾部大的觸控屏幕可以「打機」，其實是吸引患者的認知訓練遊戲。

中心主任胡詠賢相信輕度患者需要的並非全日「託管」，而是社交平台，讓患者透過活動增強自信心和自理能力，因此每天只限來半日，更多時間在社區生活：「會員中有退休大學教授、前公司副總裁，其實仍好叻，只要他們能做到，活動時我們都會讓會員幫手。如果甚麼都服侍好了，會更快喪失能力。」

訓練內容包括各式遊戲、運動、藝術創作等，注重給患者「無挫敗」的活動經驗。職員要敏銳觀察患者的能力範圍，讓他們保持參與。由於中心沒有護士，當會員身體轉弱需更多護理時，會轉介其他日間中心。

東華三院
陳達墀薈智長者社區支援服務中心

大圍美林邨
美槐樓 A 座及 B 座
地下 9 至 12 號

● 自費
● 可以使用長者社區照顧
　服務券
● 一致照顧模式

電話 2651-9511
電郵 ctcccsce@
tungwah.org.hk
時間 周一至周六 8am-6pm
名額 每日 15 人
收費 $310/ 日（包膳食，車
費沙田區 $15，馬鞍山 $50）

中心採用「一致照顧模式」，每位使用者都有手冊，由職員記錄全日活動：上課和運動的情況、胃口、情緒、血壓、體溫等；家人也可記錄在家的特別事項。主任周銳聰希望患者可以得到「一致」的照顧：「在中心發現有甚麼練習喜歡做、有甚麼喜歡吃，回到家裡家人也懂得這樣照顧；家人留意到患者的變化，也可讓職員知道跟進。」中心提供每日一小時的薈智學堂，訓練八大智能包括數字、感官、手眼協調等。周銳聰解釋：「這八大智能原本用於教育，但一樣適合認知障礙症患者，例如數字是一齊買菜，錢銀找贖；肢體是丟豆袋，凡是單數就丟。」另外，患者每天要進行一小時運動、一小時午睡。

賽馬會
耆智園

沙田亞公角街 27 號
沙田醫院旁

- 自費
- 暫託留位

電話 2636-6323
電郵 info@jccpa.org.hk
時間 周一至周日 9am-4pm
名額 每日 76 人
收費 $410-$535/ 日（包膳食）（沙田、荃灣、葵青、九龍來回車費 $75-$115）
住宿 名額 17 個，$1020-$1,650（四人房 - 特大單人房，連日間護理）洗傷口 $70/ 次、驗血糖 $45/ 次
早期評估 普通科 $640、精神專科 $1,165

位於沙田醫院旁的獨立四層房子，環境很好，所有家具和室內設計都是為認知障礙症患者而設。活動多元化，按患者情況分小組進行，總經理何貴英強調以人為本：「我們會避免説『訓練』，以免使用者有壓力，希望是智能刺激，過程有激勵而不是挫敗。」

院內預留宿位，視乎患者和家人的需要，例如一些患者不肯洗澡，就會留宿一晚，讓護理員照顧；有些家人入院做手術、外傭放假回國等，都可以來暫住。

「我們和其他中心最大分別是一定不會綁人，因為我們相信長者要有尊嚴地走完最後一步，不能假設腦退化就會錯亂。」何貴英指的約束，包括很多中心在使用的椅子枱板，把長者困在椅子不許遊走。耆智園不定期會舉辦全日講座，題目從醫護人員及法律方面推動認知障礙症患者不被約束及餵食等照顧技巧。

未來兩年，耆智園會推行以「耆」為本護理培訓計劃，引用英國兩套標準，希望透過教育前線工作人員，提升日間護理中心、院舍、長者地區中心等機構對認知障礙症患者的服務質素。

大埔

賽馬會
流金匯

**大埔富善邨善鄰樓
地下 A 翼及 B 翼**

● 自費
● 可以使用長者社區照顧
　服務券
● 三間大學醫療服務

電話 3763-1000
電郵 info@jcch.org.hk
時間 周一至周六
9am-4pm（自費）、
8am-6pm（社區照顧服務券）
名額 每日 40 人（社區照顧服務券 35 人、自費 5 人）
收費 $350-460/ 日（視乎每周使用次數）；膳食每餐加 $60；來回車費：大埔 $70、粉嶺上水沙田 $90

佔地七千呎，一半是日間護理中心，另一半是給五十歲以上健康人士做抗衰老運動和進行認知遊戲，中間並有浸會大學中醫藥診所和理大護眼中心的門診室。使用日間護理中心的認知障礙症患者，會按程度分成三組接受不同的訓練，每天都有兩節運動、兩節認知訓練。

服務經理鄭小慧強調，必須和家人聯繫：「除了一開始要做家庭會議，每年還會見兩次，有時會安排家人驗血壓等，評估健康狀況。」中文大學老年學及老人病學講座教授胡令芳教授每月到訪，聽中心職員匯報，對營運以及困難的個案作出建議。

由於中心另一半是為健康中年人提供抗衰老訓練，吸引了一些年輕的認知障礙症患者。「有一位太太才五十出頭，體能很好，但評估後認知有問題。她和先生整天吵架，只肯認記性差，還堅持要獨自開車。」鄭小慧和她先生說：「其實她在我面前是承認有腦退化。現在她可以做抗衰老訓練，未來要去日間中心那邊。」

耆智園剛轉介一位五十多歲，否認有病的大廚到日間中心做「義工」，然後順道做運動和認知訓練。

荃灣

仁濟醫院
嚴徐玉珊卓智中心

**荃灣福來邨永康樓
地下 1-3 室**

- 自費
- 可以使用長者社區照顧
  服務券
- 周末家人訓練小組

電話 2614-8967/
9789-0832 (whatsapp)

電郵 ytys@ychss.org.hk

時間 周一至周五 9:30am-
5:30pm，周六 10am-1pm

名額 每日 30-40 人

收費 $400/日（包午餐、接
送及車費另計）；$370/日
（每月 8 日或以上）

評估 早期檢測專業檢測評估
$440

中心有兩間活動室，會為不同程度的患者分組，上午做復健運動，其餘時間做認知訓練，社工會與長者溫習描述當日天氣、飲食等，提升他們的認知能力。中心會在部分患者的名牌上加設小型裝置，接近大門位置時會響警報，以防走失。中心每逢周六會提供專門的訓練小組，家人可一同參與，包括情緒及行為訓練小組、記憶力加強班。中心也有外展服務，由職業治療師和社工輪流上門提供認知訓練。每月四次，每次一個半小時，但此服務只接受居住荃灣區患者申請。有經濟困難者可申請腦友記基金支援計劃。

荃灣

香港認知障礙症協會
李淇華中心

荃灣永順街 38 號
海灣花園商場地下
11-20 號舖

● 自費
● 可以使用長者社區照顧
  服務券

電話 2439-9095
電郵 info@jcch.org.hk
時間 周一至周六 8am-6pm
名額 每日 40 人
收費 $400/日（包膳食，荃
灣、青衣沙田、深水埗來回
車費 $100-130）

地方闊大，除了兩個大客廳，還有三間不同顏色的房間，可以分組進行多元化的「六藝」全人多元智能健腦活動。服務經理曾玉玲坦言較大困難是安排車輛接送：「其實中心還有地方可以提供更多服務，但我們只安排到一架車接送。有些患者住在粉嶺、天水圍，很難安排交通。」

星期六有照顧者與會員一起參與的「六藝」班，曾經理表示希望藉此促進兩者的溝通。每季課程約有八至十二堂，收費為八百元至一千六百元，可選擇太極、繪畫、香薰治療等活動。另有家屬月會，每月邀請講者分享照顧技巧，或出外參觀安老的設施，如家居佈置，更曾安排過婚紗拍攝。月會費用全免，不是會員家屬也可參加，希望藉此讓更多人了解中心服務。

葵青

葵涌醫院
日間護理／老齡精神科日間中心(老友天地)

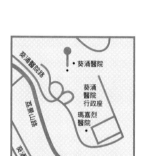

葵涌醫院道 3-15 號 L 座 8 樓

● 家融會

電話 2959 8414
時間 10am–3pm
名額 40-50 人
收費 $60(包午膳、自來或接送交通同價)

葵涌醫院的老齡精神科為六十五歲或以上的長者提供門診、專科、日間護理及短期住院服務。長者必須是荔景的「下葵涌分科診所」老齡精神科的患者，並得到醫生的轉介，才可申請日間護理服務，每星期兩次，有情緒、心靈及行為調整的活動，輕至中度患者一般輪候約三個月至半年。無需安排接送的長者，輪候時間比較短，服務亦有半年的期限，使用者可同時預先申請其他日間照顧服務。

　　居住在荃灣、葵青、深水埗及東涌區內津助老人院的長者，醫院則有外展服務，為他們進行初步的認知障礙症評估。亦會與志願團體合作，為有特別需要的長者，提供上門改善家居和照顧服務等。

診所醫生能協助

醫院靠專科醫生確診,輪候時間很長,二零一六年全球認知障礙症報告就批評醫療服務「過度專科化」,建議把工作轉移至基層醫療和社區照顧。

香港認知障礙症協會計劃在二零一七年至二零二一年培訓葵涌區十名診所醫生,並為區內一百至一百二十名患者,免費或資助在一年內不多於六次的私家醫生門診和十八次上門的認知訓練。

「一年十八次上門,平均可能只是三星期一次,但希望家人可以幫忙。」項目經理郭靜儀解釋,亦會視乎情況把一年時間縮短,增加上門頻率,希望期間患者可以申請到日間中心服務。

上門服務的,除了職業治療師負責評估家居環境、設計認知活動;社工和護士按需要跟進外,還包括協會培訓的認知障礙症培訓助理(Dementia Training Assistant, DTA)。

協會執行委員會主席戴樂群醫生指出,香港認知障礙症患者眾多,需要大量醫護人手:「可以訓練一些semi-professional,就像專門接生的助產士,培訓一些專門照顧認知障礙症患者的助理,例如多年照顧病人經驗的家人,可受訓再擔任全職工作。」

「醫家行動」認知障礙症社區支援服務　　　　　電話 2818-1273

葵涌醫院精神科輪候時間

程度	患者情況	輪候時間
例行個案	記性變差、情緒低落	半年至一年
半緊急	有暴力傾向、對家人或鄰舍造成滋擾	約兩星期
緊急	有自殺傾向	即時

新個案通常由護士分流,再由專科醫生檢視,根據臨床情況和病徵分成緊急、半緊急以及例行個案。

社福界培訓指導員

聖公會林植宣博士老人綜合服務中心在二零一三年申請基金
開展「毋忘我 — 家居生活指導服務」，提供上門的認知及自
理能力訓練。中心舉辦的生活指導員課程，招募中年及退休
人士接受有系統的認知障礙症照顧培訓，通過實習和考試後，
既可自行照顧患病親屬，也可參與義工隊負責上門服務。

　　中心主任陳詩敏說，「毋忘我」以香港大學提出的認知刺激
療法為框架，強調生活化，不需使用固定教案、設備或道具，而
是教人將生活環節化為訓練內容，「簡單如開飯，可以問患者：今
餐我哋有幾碟餸？有幾碟齋、幾碟肉？這碟餸叫乜？怎樣煮？其
實已在刺激他的說話表達、分類、數字概念。」記憶練習可以用家
中的杯盤碗碟來做，也有練習是混合不同款式的晾衣夾，患者要
配對同色同款的來晾衫，過程中便要分辨顏色和形狀。生活指導
員只需掌握竅門，便可因應患者的家居環境、生活習慣和能力強
弱，設計出不同練習。

　　中心的專業督導梁志偉指，專業醫療人手不足以應付急速增
加的患者：「由專業人士去培訓生活指導員，變相可以多十幾廿對
手去做服務，訓練夠頻密才見效。」計劃亦希望帶動照顧者，梁志
偉解釋：「家屬有時將認知訓練想像得

　　太高，於是全部交託給醫護人員，『我不懂啊，等你們來做

吧。』但家人每天對著患者，如果懂得這套技巧，每天講多幾句，可對患者的大腦帶來刺激，關係也會變好。」

計劃由專業醫護培訓生活指導員，兩名指導員一起上門服務、以舊人帶新人，過程中再將技巧傳授給家屬，層層推展。目前培訓人數超過二百人，當中五十人簽約成為受薪員工，連同活躍義工，足以為患者安排一星期兩、三次上門服務及中心小組活動。

「這培訓專為young old和退休人士而設，希望為他們製造有酬義工機會，也吸引一批照顧者參加，他們上完實習，未必會跟我們簽約。但也有照顧者藉機會，走出社區，跟其他照顧者認識和交流。」陳詩敏說。

使用生活指導員服務只需社工評估，各區患者也可申請，收費每小時一百五十元，困難者可申請資助，以優惠價五十至一百元接受服務。生活指導員培訓課程暫定每年招生一次，每期收生二十人，詳情可致電中心查詢。

仁愛堂
長者社區照顧服務券日間護理單位

屯門啟民徑 18 號仁愛堂賽馬會社區及體育中心五樓 532-535 室

● 自費
● 可以使用長者社區照顧服務券
● 高人手比例

電話 2655-7660
電郵 tmvs@yot.org.hk
時間 周一至周六 8am-6pm
名額 每日 20 人
收費 $436/日（包膳食）、$218/半日

設於仁愛堂屯門新墟的總部裡，員工與患者比例接近一對二，提供感官認知訓練、運動、多元化的遊戲和康樂活動等，採用多倫多大學社會工作學院教授曾家達提倡的遊戲介入訓練，提升患者的情緒、注意力及認知能力。

　　仁愛堂近年邀請了曾教授回港，陸續培訓不同長者服務單位，包括個人照顧員、保健員等前線同事。因為照顧員、保健員接觸到長者的時間更多，若他們也懂得這套方法，然後由社工帶領發展，服務效果會更好，也可紓緩人手壓力。單位主任簡姑娘指：「這套訓練很有效，機構內不同單位都有輪流學習和使用。」

東華三院

智趣軒長者社區支援服務中心

屯門青善街 32 號東華三院戴東培社會服務大樓 9 樓

- 自費
- 可以使用長者社區照顧服務券
- 小模式

電話 2450-8461

電郵 ttpcah@tungwah.org.hk

時間 周一至周六 8am-6pm

名額 每日 8 人

收費 月費計劃
一周三日 $5680、
一周六日 $9390
（包三餐膳食、交通接送）

位於東華三院的服務大樓內，中心前身是員工宿舍，有一廳一廚一廁及簡單運動器材。沿用心身機能活性運動療法，但人手所限只能提供部份內容，像玩搋球、心身操等。如需要職員與患者一對一進行，中心便要預約其他單位支援。其他時間會由社工或治療師開小組，做藝術活動和園藝治療等，一些較需要空間的運動和遊戲會移師到大樓內其他空間舉行。中心主任黃淑嫻說，當初開展服務時想試驗小規模會否對認知障礙症患者較好：「他們對聲音和環境刺激都比較敏感，又未必能融入群體。小型的好處是我們同事可以好好掌握每位長者的情況，深入了解，做事時更切合他們的需要。」

靈實協會
怡明長者日間護理中心

● 津助　● 黃昏延展

黃昏延展 - 將軍澳怡明邨怡悅樓 A 翼地下

電話 2565-7122

電郵 ymde@hohcs.org.hk

時間 6pm-8pm 社署標準收費 $10；8pm-10pm 自費 $100/ 小時

名額 每日 20 人

收費 視乎經濟情況 $130-$200/ 半日 $260-$400/ 全日

晚間延展 - 將軍澳翠林頓康林樓 306A 室，311-312 及 330-335 室

電話 2327 1732

電郵 tltc@hohcs.org.hk

時間 8pm-8am $450/ 晚 靈實會員 $350/ 晚；首次試用 $590 三晚 *只限中心會員及經評估後提供

靈實在將軍澳區有三間日間護理中心：翠林老人日間活動中心、翠林長者訓練中心、怡明長者日間護理中心。營運經理郭碧評估高達八成使用者是認知障礙症患者，故在怡明長者日間護理中心特地開設「黃昏延展」，為將軍澳所有日間中心提供黃昏直至晚上十點的照顧服務。

「延長服務時間，是為了配合家庭需要。」郭碧坦言自己工作時間也很長，多得家人配合，很明白家有患者的困難，照顧者若需要上班，一般是沒可能下午五、六點來接走患者。

怡明佔地四千呎，兩年前落成，郭碧相信就算不是認知障礙症患者，長者都要做運動、接受認知訓練。早上長者會做八段錦、十巧手；下午會有日常生活起居的活動例如買東西計數、煮食、做手工藝等，並強調社交相處。周日的活動較為輕鬆，例如看影片、玩層層疊遊戲等。

翠林老人日間活動中心及怡明長者日間護理中心是津助的，需經安老服務統一評估機制申請，翠林長者訓練中心使用服務券，並有自費服務。

晚間服務

不少認知障礙症患者有黃昏症候群：天黑後出現各種行為問題，分不清日夜，令家人無法入睡。靈實翠林長者日間訓練中心在二零一七年五月開始試辦晚間延展，有兩位長者在中心各自過了三晚。

「我們主要想支援照顧者。」資深護師郭碧解釋，幾晚之間很難調整生活，更重要是方便照顧者。試用的兩位長者，一位照顧者需要做手術，另一位和太太關係太差，職員建議長者來中心住三日，太太馬上返鄉下。雖然照顧者也可以申請津助院舍的暫託服務，但除了要辦手續，還因為認知障礙症患者會抗拒陌生環境，而患者與日間中心的職員較為熟絡。

「我們就在地上鋪地墊，睡在地上就不怕跌倒。」過程中發現問題可即時改善。「那太太一直投訴『他晚晚都跌倒！』我們發現是糖尿藥太晚吃，因為血糖低而腳軟，我們調校了吃藥時間，患者半夜起身去廁所也無問題。」

若有需要，郭碧計劃每月定期提供晚間延展，每次不超過七晚，人數不超過五人：「每月有固定名額，照顧者就可以申請，去台灣玩都好啦，可以透透氣。」

西貢

聖公會 將軍澳安老服務大樓
賽馬會長者綜合服務
中心暨日間護理服務

將軍澳官立中學

寶琳北路
101 號

寶琳北路

放明苑公園

新都城中心
二期

欣寶路

將軍澳寶琳北路 101 號

- 津助
- 智友醫社同行計劃
- 音樂治療

電話 2702-9897
電郵 smartclub@
elchk.org.hk
名額 不限

綜合大樓地下一邊是津助日間護理中心，一邊是長者地區中心，各有不同項目提供給認知障礙症患者，同時在訓練中糅合音樂元素。

日間護理中心目前超過三份之二使用者是認知障礙症患者，其餘是中風、柏金遜症患者。護士會分小組，為認知障礙症患者提供認知訓練。一般中心都有導向訓練，讓患者學習現實生活的訊息，例如日期、時間、地址，這裡有音樂治療師特地創作歌謠，把這些訊息放進歌詞，讓患者琅琅上口。例如《出門過三關》：「出門必然要過三關，水火與電掣」；《音樂記事簿》：「今天今天幾點鐘，我要去邊一處」，甚至把中心電話變成《聖公會電話號碼歌》。

將軍澳安老服務大樓督導主任柯明蕙一直相信，音樂有助照顧患者「心身靈社」全人的需要：「認知障礙症不能根治，要積極面對，是需要心靈的支援。」另一些歌曲像《學習不管八十歲》，希望帶來力量。

有別於一般中心使用懷緬治療，播患者熟悉的老歌，這裡教的是新歌。「我們的信念是強項為本，不要只看見沒有的，而是看到還有的，大大地稱讚。」柯明惠強調患者一般自我形象較低，但其實仍然有學習能力，可以繼續努力生活。

長者地區中心亦參與智友醫社同行計劃，將軍澳醫院、聯合醫院、靈實醫院都會轉介確診患者來。相對於參加同一計劃的觀塘樂暉長者地區中心，目前二十位轉介患者，有三位是「整體衰退量表」（GDS）第五級，其他都是輕度。除了參加規定的家居安全講座等，也會參加音樂小組。

大樓入口有遊戲角，逢周二有智囊團的腦力時間，組織輕度認知障礙患者，服務早期和中期的認知障礙症患者，互助自助。

柯明蕙說：「許多智友的畢業生，都習慣回來中心參加活動。這樣可讓患者建立有意義和規律的生活，培養興趣和社交，有助減慢退化，多點快樂，可以生活更久一些。」

西貢

香港認知障礙症協會
將軍澳綜合服務中心

翠琳邨停車場
寶康路
翠林邨屯路
翠琳商場
翠林邨秀林樓
翠琳路
將軍澳培智學校

**將軍澳翠林邨秀林樓
3 樓 321-326 號**

● 自費
● 可以使用長者社區照顧
　服務券

電話 2778-9728
時間 周一至周六 8am-6pm
名額 每日 35 人
收費 $345/日（包膳食，
來回將軍澳車費 $95/
西貢 $ 140）

中心四年前落成，地方相對闊落。服務經理李馨兒表示，中心使用香港認知障礙症協會的「六藝」全人多元智能健腦活動，與其他中心的活動和時間表差不多。

由於中心較新，一直舉辦社區活動，二零一三年由區議會贊助推行腦當益壯社區護老計劃；二零一五年曾與將軍澳其他安老服務機構合辦認知障礙症嘉年華，提升市民對這病的認知。

中心得到應善良福利基金會資助，提供服務予綜援及經濟有困難的患者。

二零一八年十二月開始有家屬月會，李馨兒說：「因為時常聽家屬說照顧困難，尤其中期患者，時常發脾氣，不願合作，壓力好大，所以想為他們提供支援和培訓。」月會每月舉行一次，名額十五對會員及家屬，公眾亦可參加，費用免費。

博愛醫院
長者日間活動中心

**元朗坳頭博愛醫院
賽馬會護理安老院五樓**

- 自費
- 可以使用長者社區照顧
  服務券
- 景觀開揚

電話 2470-2266
電郵 jccahome@
pokoi.org.hk
時間 周一至周六 8am-6pm
名額 每日 10 人
收費 $436/日（包膳食，元朗
屯門單程車費 $55-$75）

位於安老院旁的一間大房，服務經理賴舜鈴指中心二零一三年初開辦時自負盈虧，區內家庭較難負擔，對認知障礙症亦認識不足，往往到病情惡化、照顧非常困難時才尋求服務，來中心的患者以八、九十歲為主。

由於患者能力較弱，遊戲亦偏向簡單，如以圖卡辨認蔬菜種類、畫時鐘辨認時間等，也有園藝、音樂和各類康樂活動，定期開家屬支援小組。賴舜鈴指，中心未來希望加強音樂治療，中心長期播放音樂，舉辦音樂小組。因部份會員已對語言指示欠缺反應，音樂卻能直接刺激大腦：「有長者本來完全呆坐，但聽音樂多了，慢慢開始打拍子，現在還會唱歌，這轉變令我們很鼓舞。」未來會推行芳香照護，飯後使用香薰噴霧，希望協助患者改善情緒及行為問題。

認知障礙友善社區

奢康會服務總監李家輝慨嘆：「早前有患者由小西灣走失，三日後才在大圍被尋回。患者身上沒帶錢，仍成功搭了幾程巴士，可以說市民好好心，卻對這疾病認識不足。如果熟悉認知障礙症病徵，見到有身無分文的長者遊走，應會留意得到吧。」

　　香港仔坊會南區長者綜合服務處得推行智愛同行計劃，在華富邨建立認知障礙症友善社區，加強社區人士關懷患者。經理許少燕表示，曾經培訓區內兩間保安公司過百保安員，及向商店員工、小巴和巴士司機派單張，簡介認知障礙症患者的需要和跟進行動。服務處亦為區內長者提供十八次每次一百分鐘認知訓練，每月聚會；針對護老者的是主題式專題活動，以及連續四課的小組訓練；鼓勵區內居民成為義工大使，接受培訓推廣健腦生活模式。

　　奢康會二零一零年起推出「無憂照顧‧樂社區」計劃，定期在屋苑及商場舉辦腦部健康推廣活動，聯繫地區團體如中學、教會、婦女團體等，宣傳認知障礙症知識，並提供免費檢測和服務轉介。奢康會的長者中心亦開展了認知障礙義工培訓計劃，像東區的中心已凝聚到十多位智友義工，可輔助小組訓練。

　　香港認知障礙症協會參與英國開展的dementia friends全民關心認知障礙症運動，二零一七年正式推行五大主要訊息：認知障礙症並非年老的正常現象；認知障礙症源自大腦功能衰退；認知障礙

症不僅令人失去記憶；認知障礙症也可以如常生活；從認知障礙症患者出發。個人只需上網看短片，就可以登記成為認知友善好友，會有襟章，可告訴別人甚麼是認知障礙症，留意周圍是否有長者需要協助，並在社交媒體分享有關資訊。企業、學校、機構、團體等，亦可成為認知友善好友支持團體。

耆智園二零一七年底亦推動「耆跡天使」互動講座，包括體驗活動、與患者溝通的技巧，以及如何在社區協助患者。參加者會自動登記成為「耆跡天使」。

流動車服務

專門為認知障礙症而設的自負盈虧日間護理中心，集中在觀塘、沙田等，但在北區、離島等，只有混合其他疾病患者的日間中心。能夠服務所有地區的，是高錕腦伴同行流動車。

車身髹上鮮橙色、大大張高錕教授的相片，車內改裝成一廳一房的舒適空間，有社工、護士及輔助員當值。流動車提供社區教育、早期檢測轉介、小組認知訓練活動、照顧者支援。職員發現患者似乎乏人照料，會上門家訪，與家人商討照顧安排。

流動車在二零一三年開始第一階段服務，每兩個月到訪一個地區，三年走遍十八區。今年第二階段會改為每區到訪半年，每周各天去不同區域。負責營運的聖雅各福群會服務經理岑智榮指出：「觀塘、屯門、荃灣都是認知障礙症重災區，一些偏遠區域完全沒有服務，因此此第二階段流動車的停泊時間不再是各區平均分配，而會加強到訪重災區和偏遠地區，甚至會深入打鼓嶺鄉郊。」

流動車每月行程查詢   **電話** 6693-0100   **網址** dementia.sjs.org.hk

CARER SUPPORT

文：陳曉蕾、羅惠儀、蕭煒春、黃曉婷

第五章
照顧者支援

認知障礙症的照顧時間長，<u>照顧者容易和社會疏離</u>，香港大學秀圃老年研究中心總監樓瑋群提醒「喘息服務」非常重要：「因為要<u>長期作戰，要知道如何儲備自己的精神。</u>」她強調不是等到過勞，突然崩潰才休息，而是要定期喘息，例如每星期一定有一段時間讓自己休息，建立自己的生活和興趣。

樓瑋群指出在事情未發生前，就要預先準備，包括以下四方面：

❶ 被照顧者的人身安全：例如會否走失？會否失火？

❷ 虐待的危機：無論是被照顧者被虐待，或者是被照顧者虐待別人，例如虐待外傭和照顧者，有時被照顧者和照顧者甚至會互毆。

❸ 法律的問題：包括銀行戶口被人挪用，不自覺地參與了高風險的金融活動等。

❹ 身體的危機：中後期患者可能不能再表達，可能感到痛楚卻說不出，焦慮到打人，照顧者要小心觀察和溝通。

測試 照顧者壓力測試

	是	否
1. 減少進餐，例如由平三餐減至兩餐	1	0
2. 進食分量減少	1	0
3. 胃口比以前差	1	0
4. 頭痛	1	0
5. 心跳加速	1	0
6. 體重減輕	1	0
7. 容易疲倦	1	0
8. 失眠	1	0
9. 胃痛或胃部不適	1	0
10. 胸口痛	1	0
11. 精神容易緊張，身體多處出汗	1	0
12. 情緒難以自控	1	0

總分 ≤4	照顧工作未出現太多問題，能應付一般患者的要求。
總分 5-6	感到一定壓力。
總分 ≥7	已經承受頗大壓力，身體、心理、精神健康都出現問題。

每月$16,900的挑戰

踏入四十歲後，阿妮花了不少心思規劃日後的單身生活。她在旺角買了個小單位，月供二萬多元，佔去薪金的三分之一。扣除給予父母的家用、保險、交稅和日用開支，她希望每月至少可儲數千元作為退休金。幾年下來，一切都很順利，直至七十三歲的媽媽突然變得行為古怪。

「婆婆二零一六年十一月過身，阿媽一個月後便要進行換膝蓋手術。可能因為雙重壓力，突然變得呆呆滯滯，行動好緩慢。」起初以為是腳痛影響，但手術後情況並無改善。「她不斷說要上廁所，一晚起床十多次，但無一次是真的。」醫生證實，是出現了初期認知障礙症。

這病把一家人折磨得好痛苦。當中最令阿妮透不過氣的，是家人的各不相讓，尤其當中涉及錢銀安排。「幾兄妹向來每月夾了二萬元家用，額外再加，實在感到吃力。本來大家同意先用阿媽的積蓄，但到睇醫生時，阿爸又爭著用私己錢，覺得用阿媽的錢等於不愛她。細佬又轉軚同阿爸站在同一陣線。」

為了表示愛媽媽，家人選擇了昂貴的治療方案：每月到養和精神科覆診，醫生費加藥費需五千元；坐車來回跑馬地與大埔的家，的士費七百元。特別請來照顧媽媽的外傭，因受不了老人家變得歇斯底里的脾氣，四個月後劈炮。若此惡性循環持續，一年單是外傭薪金、中介費和機票錢又十萬八萬。想到不久的

將來，媽媽的身體將迅速老化，醫療開支更為龐大，而是否入住老人院，將是另一場金錢與愛的角力。

早作準備

阿妮面對的，是認知障礙症病人家庭普遍出現的問題。「家人會爭拗患者是否需受訓、是否一定要入住『咁好』的老人院。老人家辛苦幾十年儲下的錢，如何才算用得其所？」賽馬會耆智園總經理何貴英見過了太多因措手不及而衍生的家庭糾紛。「我的建議是，到了差不多年紀，當計算退休金時，一定要預留一筆錢作醫療用途。」

這筆錢，到底要預留多少？根據國際失智症協會的定義，使費可分成三部份：

1 直接醫療開支

2 日常照顧開支
包括家居護理、交通費、膳食、院舍等

3 非正式照顧開支
即家人提供的無償照顧。

以二零一五年全港約有11.5萬名認知障礙患者計算，估計合共開支達251.7億港元，平均每人每月使費為 $18,239。何貴英因應日常接觸的家庭實況，對有關支出作出了微調。

	使費	百分比
直接醫療開支	公、私營醫療、中藥調理等： **$1,000**	5%
日常照顧開支	每星期三天日間護理＋ 日常生活 $5,400 ＋ $3,000 = **$8,400**	50%
非正式照顧開支	家人無償照顧＋ 外傭月薪 $3,000 ＋ $4,500 = **$7,500**	45%
每月總使費		Total: $16,900

　　微調後每月使費仍高達$16,900。這只是平均約數，選擇公立或私人醫生、看普通還是專科、請外傭還是直接住進老人院，每個決定均會影響整體使費。

難以退休

　　除了預留醫療開支，何貴英認為長者最好是在清醒時，預先簽署具法律效力的「持久授權書」，明確授權一人（譬如是配偶或其中一名子女）在簽署者無能力照顧自己時，有權動用其資產。當然，最重要的是一家人有良好的溝通，日後無論誰病了，大家也知道病者的醫治意願。

　　對阿妮而言，上列建議無疑是來遲了。她現在只能向前看，希望在醫生、社工的協助下找到一家人都同意的處理方案。她本人的退休大計肯定要調整了，因為除了媽媽的病，爸爸照顧妻子心力交瘁，同樣出現迅速老化症狀，相信很快便會成為醫院常客。阿妮形容：「這是最埋身的『愛的挑戰』，要不斷反思到底何謂愛，而過程中真心覺得，窮困的家庭好悲慘。」

如何申請服務？

會計師 Ada 最近成了朋友間的「顧問」，不斷解釋如何替爸爸申請政府服務。「我是誤打誤撞好好彩，再加上尋根究柢，當作核數一樣去查明！」她拿出厚厚一疊文件，還細心地畫了申請服務的「路線圖」。

　　二零一五年十月，Ada 的爸爸經私家老人科醫生確診患有認知障礙症，她馬上開始替爸爸找培訓希望延緩退化。「我找了四間中心，都說『要排隊㗎』就關門，好不容易才有一間的社工好心，拿出文件告訴我，應該找那間中心去申請。」她已經不記得是所屬地區的長者地區中心 DECC 還是鄰舍中心 NEC：「我讀過書，都覺得這些簡稱和制度好混亂，怎要求長者明白？有時講錯名字社工就會說不關我事，要非常有韌力才可以面對。」

找對中心找對人

　　Ada 按著資料打去那中心，聽電話的轉來轉去，直到找到「對」的人回答，已經是十一月中。來來回回好多通電話，社工十次有九次都不回覆，Ada 堅持一直打，終於在三月中可以與社工首次見面—幸好 Ada 可以彈性工作，能夠抽出平日下午，否則只輪週末，社工又是長短週工作，一定要等更長時間。

　　社工見了 Ada，再約見 Ada 和爸爸，直到五月才有資深社工家訪。「那是一位木無表情的社工，拿著四、五十頁文件，就像核數一樣去審查。」Ada 相信過程中有兩個關鍵：要講事實，也要講得好慘。

講得要夠慘

「要說出整個家庭的潛在風險。」Ada 說目前爸爸雖然由媽媽照顧，可是媽媽做過心臟手術、曾經中風：「要強調可見的未來，是有機會不能照顧自己。」她說很多照顧者，一被社工問，甚麼都沒答就哭出來。

第二個關鍵是患者本身說願意入院舍。「社工期待認知障礙症的患者本身也可以清楚表達意願，其實很難的。」Ada 說媽媽不想爸爸入院舍，她當時解釋要排院舍要等三五七年，不如先排隊。所以當社工問起，爸爸懂得回答：「要住時，都無辦法。」「我發覺申請是要有技巧的，我去了認知障礙症患者的家屬小組，很多情況比我爸更差的，都沒法申請。」Ada 家住天水圍，而無法申請的分別住在觀塘、沙田，也許地區亦影響申請資格。

突然有社區服務

五月中社工正式把個案呈交社署，同時申請社區和院舍服務，七月 Ada 收到社署信件，爸爸已經列入長期護理服務編配系統。「他『入隊』了！」Ada 連隨要填報心水的院舍和日間中心，當時以為要開始等「三五七年」，沒想到十一月就收到邀請參加「長者社區照顧服務券試驗計劃」表1(P.86)。

Ada 自覺非常幸運，一兩個星期就回覆參加和寫明選擇的服務：讓爸爸到荃灣一間專為認知障礙症而設的日間中心，一個月九次。「我當然想更多日數，天天去也只是一千四百多元，超抵！可是中心安排不到交通。」她整個過程都是自己找資料，自己評估爸爸的需要，沒有問社工：「社工似乎也不清楚服務券的內容。」

申請服務：最耐是找對社工？

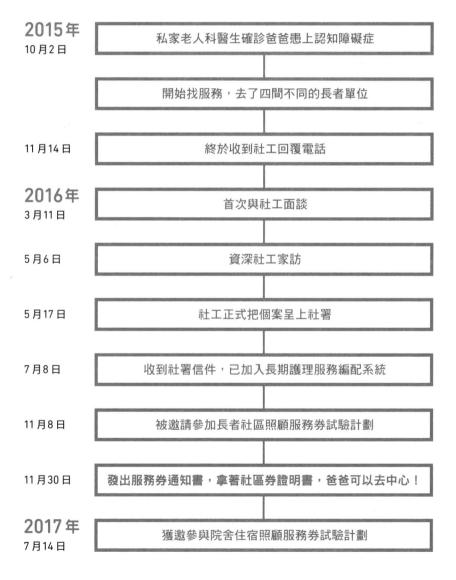

2015年
10月2日 — 私家老人科醫生確診爸爸患上認知障礙症

開始找服務，去了四間不同的長者單位

11月14日 — 終於收到社工回覆電話

2016年
3月11日 — 首次與社工面談

5月6日 — 資深社工家訪

5月17日 — 社工正式把個案呈上社署

7月8日 — 收到社署信件，已加入長期護理服務編配系統

11月8日 — 被邀請參加長者社區照顧服務券試驗計劃

11月30日 — 發出服務券通知書，拿著社區券證明書，爸爸可以去中心！

2017年
7月14日 — 獲邀參與院舍住宿照顧服務券試驗計劃

因為爸爸是與弟弟同住，計算家庭收入，每月只需五百多元。

很快地，在十一月底社署已經寄來通知書和「社區照顧服務券證明書」，Ada馬上讓爸爸去日間中心受訓。「之前單單找對中心、找對社工、等社工⋯⋯已經用了大半年，沒想到七月排隊，十一月就安排到服務！」雖然這距離爸爸確診已經超過一年，Ada仍然自覺非常幸運。

長者難處理

二零一七年七月，社署再主動邀請Ada爸爸參加「長者院舍住宿照顧服務券試驗計劃」^{表2(P.87)}，這計劃除了入息，還有資產審查，爸爸也只需三千多元就可以入住。「我們沒打算讓爸爸住，可是這令我們很放心，萬一有需要時也有院舍照顧。」Ada說。

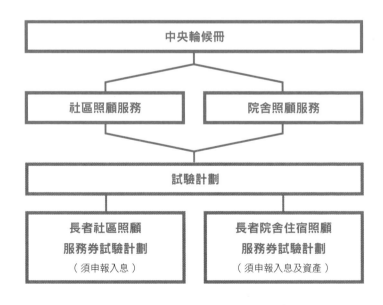

　　一些社工批評長者院舍住宿照顧服務券試驗計劃，可選擇的院舍多是私營院舍的買位，但 Ada 說名單上也有一些津貼院舍，有一間的日間中心還是爸爸曾經去過，印象很好。

　　另一個批評是參加了這些照顧服務券試驗計劃，就會暫停排津助的社區和院舍服務，但這對 Ada 不是問題：「一來不用服務券，就可以重新排隊，二來我最想是爸爸快快可以得訓練，並不是為了送入老人院。服務券加快讓他有訓練，非常好。」

　　「政府服務識用和不識用，分別好大。」

　　Ada 最後總結：「但要強調的是：我是會計師，如果只是我媽媽，一般長者怎能處理？」

有得揀都要識揀

香港安老服務引入有資產審查的服務券計劃，始於二零零二年林鄭月娥擔任社會福利署署長時發表的「署長隨筆」，提出用者自付，錢跟人走。二零零八年安老事務委員會委顧問研究，二零一三年九月推行為期四年的「長者社區照顧服務券試驗計劃」。

　　Ada 獲邀參加的，是第二階段社區券試驗計劃，全港十八區都有服務，數目最高可達六千張。政府相信服務券可以讓用者更有選擇，但這選擇是受限於合資格單位確實提供的服務，像 Ada 原本希望可讓父親更多時間去日間中心接受訓練，亦因為安排不到交通而減少。

　　另一關鍵是使用服務券一般需要有中立的個案經理（case manager），替使用者選擇適合的服務，但目前社署只向長者院舍住宿照顧服務券試驗計劃的使用者，提供個案經理。不是所有照顧者都像 Ada，懂得使用社區券。

長者社區照顧服務券試驗計劃資助分級（二零一八年十月版）

級別	1	2	3	4	5	6
使用者負擔比率	5%	8%	12%	16%	25%	40%

住戶人數		家庭住戶每月收入中位數的75%	家庭住戶每月收入中位數>75%-100%	家庭住戶每月收入中位數>100%-150%	家庭住戶每月收入中位數>150%-175%	家庭住戶每月收入中位數>175%
1	綜援受助人	≦6,525	6,526-8,700	8,701-13,050	13,051-15,225	>15,225
		家庭住戶每月收入中位數的50%	家庭住戶每月收入中位數>50%-75%	家庭住戶每月收入中位數>75%-125%	家庭住戶每月收入中位數>125%-150%	家庭住戶每月收入中位數>150%
2		≦10,000	10,001-15,000	15,001-25,000	25,001-30,000	>30,000
3		≦14,750	14,751-22,125	22,126-36,875	36,876-44,250	>44,250
4		≦19,650	19,651-29,475	29,476-49,125	49,126-58,950	>58,950
5		≦26,150	26,151-39,225	39,226-65,375	65,376-78,450	>78,450

社區券價值（元）	不同價值社區券的共同付款金額（元）					
9,390	470	750	1,127	1,502	2,347	3,756
7,970	398	638	956	1,275	1,993	3,188
7,100	355	567	852	1,136	1,775	2,840
5,680	283	454	681	908	1,420	2,271
3,930	196	314	472	629	983	1,572

註： 1人家庭以二零一七年第三季家庭月入中位數75%／>75-100%／>100-150%／>150-175%以及>175%，計算資助等級。

2人及以上家庭，以二零一七年第三季家庭月入中位數50%／>50-75%／>75-125%／>125-150%以及>150%，計算資助等級。

表2　長者院舍住宿照顧服務券試驗計劃分級（二零一八年十月版）

級別	最高入息限額		資產限額[1]	使用者須承擔的共同付款比率及金額		政府資助(元)
	家庭住戶每月入息中位數[2]	金額(元)	金額(元)	比率	金額(元)[3]	
0	≤50%	≤4,250	47,500	0%	0	13,287
1	≤75%	≤6,375	498,000	10%	1,329	11,958
2	≤100%	≤8,500		20%	2,657	10,630
3	≤125%	≤10,625		30%	3,986	9,301
4	≤150%	≤12,750		40%	5,315	7,972
5	≤200%	≤17,000		50%	6,644	6,643
6	≤300%	≤25,500		62.5%	8,304	4,983
7	不設上限	不設上限	不設上限	75%	9,965	3,322

註：　1. 資產限額將會與綜合社會保障援助計劃單身長者及申請租住公屋的單身長者資產限額掛鈎，按年調整。

2. 上表所載的家庭住戶每月入息中位數數字是按二零一八年第一季的數字所訂。一人家庭住戶每月入息中位數是8,500港元。

3. 在不同共同付款級別下，院舍券持有人所繳付的共同付款金額，將隨每年度院舍券面值的調整安排而調整。

資訊

社區支援服務

一些支援認知障礙症的機構，為照顧者提供服務，包括講座、互助小組等等。

**賽馬會耆智園
「愛·同行」
互助支援小組**
網址

透過與其他照顧者分享，加強護理知識以外，有社工跟進照顧者情緒，協助解決問題。

聚會時間 每月第三個星期六，11:15 am 至 12:45 pm
地址 香港新界沙田亞公角街 27 號
費用 $150 / 3 節（以季度形式報名及收費，不設退款）
參加資格 正照顧腦退化症患者的照顧者
電話 2636-6323

**智活記憶及
認知訓練中心：
照顧同行 2019
照顧實務技巧課程**

提升照顧者的照顧實務技巧，有系統地講解有關認知障礙的溝通原則、處理行為及情緒問題要訣、認知訓練、餵食與日常照顧、防跌與運動，讓參加者透過互動學習、實習及分享，認識及掌握正確照顧技巧。

地址 觀塘翠屏道 3 號基督教家庭服務中心大樓 7 樓
名額 25 人
費用 $980（全部單元）、$280/堂（只選擇部份單元）
電話 2950-8388

**香港認知障礙症協會：
亦師亦友計劃**

認知障礙症協會四個中心每月都會舉辦家屬小組，其中「亦師亦友同路人支援計劃」是把資深照顧者與新手照顧者配對。

地址 灣仔皇后大道東 282 號鄧肇堅醫院一樓芹慧中心
電話 3553-3650

照顧者支援服務

**賽馬會高錕
「腦伴同行」流動車:
照顧者支援小組**

網址

支援照顧者情緒,紓緩壓力;分享護理,與長者相處技巧等
(可先致電報名,並了解流動車停泊地點);亦有舉辦「身
心靈體驗主題工作坊」,透過瑜伽、音樂等活動,紓緩照顧
者壓力。而網頁亦有流動車日常停泊日期、時間,有社工
提供諮詢服務。

熱線電話 6693-0100(9:30 am 至 4:30 pm)
照顧者小組聚會時間 逢星期六 11:00 am至12:00

**耆康會樂回家:
為長者尋找回家路**

耆康會「樂回家」網站,專門支援照顧認知障礙症人士,除
提供預防長者走失貼士,亦可下載「空白尋人啟示」供即時
列印方便尋人;該會特別設計了一系列附長者姓名、照顧者
的聯絡電話的飾物(胸針、吊墜、手鏈)、纖嘜等產品。

網址 www.e1668.hk

**耆智園:
「回家易」離院復康
計劃**

為急病或突發情況住院的認知障礙症人士提供出院後的一
個月住宿,包括物理治療、認知活動、個人護理,之後有
八個星期日間護理服務費,包括家居評估、物理治療及認
知活動。讓患者出院後盡快恢復,減省更長期的護理開支。

地址 香港新界沙田亞公角街27號
費用 港幣 25,000(如住宿日數較預期少,所繳費用將按比例
發還,費用一半已由賽馬會慈善信託基金捐助)
查詢 2636-6323

資訊

地區新增服務

全港四十一間長者地區中心及一百二十間長者鄰舍中心在二零一八年十月開始得到撥款，各自增聘四位及兩位社福人員支援照顧者。這些新增服務，亦有惠及認知障礙症患者的護老者。以下是截至十一月收集到的服務，估計各區都會陸續增加：

循道衛理楊震社會服務處：
「有我同在」長者認知障礙症管理及護老者支援服務

由公益金贊助的三年計劃，剛於二零一八年八月開始，對象為懷疑及已確診腦退化症長者的照顧者及外傭，由社工、職業治療師評估後作服務配對，包括每月至少一次護老者支援小組聚會，職業治療師上門作蒙特梭利認知障礙療法及家居訓練，大約四次，持續兩至三個月；並按長者狀況，由受訓義工上門提供 ICST 認知刺激治療，每星期約三次，每次一小時，合共約六十節等。

服務區域 油尖旺、深水埗、九龍城、黃大仙、觀塘
費用 全免
電話 2329-6366（彩虹長者綜合服務中心）
　　　　2711-0333（牛池灣嘉峰臺中心）
網址 www.yang.org.hk/tc/service.php

嗇色園可健耆英地區中心「護老者小組」

專為照顧認知障礙長者而設的小組，教導溝通、注意事項以及支援照顧者情緒等，每三個月一次聚會。另一月份有給受情緒影響致失眠小組、以及靜觀治療減壓活動，照顧者需要登記成為「護老之友」才可獲得活動資訊。

地址 深水埗西邨路 20 號榮昌邨榮傑樓地下
電話 2725-4875
網址 www1.siksikyuen.org.hk

地區新增服務

浸信會愛群社會服務處青衣長者鄰舍中心：「護」「智」服務推廣站

設立護老者及認知障礙症社區支援隊，定期舉辦護老者支援小組、照顧技巧訓練、認知障礙症訓練活動、義工探訪、公眾教育等。

電話 2433 6414（榆姑娘）
地址 青衣青衣邨宜偉樓地下B翼

香港西區浸信會長者鄰里中心：西區「腦」友記平衡小組

計劃由中西區區議會資助，二零一九年正式開展核心服務予照顧者，當中的「平衡小組」旨在提供藝術活動，例如繪畫、非洲鼓等，讓照顧者減壓，認識同路人，而社工亦會給予照顧諮詢服務；而「家居安全檢測及到戶認知訓練」則由執業職業治療師上門訓練長者認知能力。

日期 「平衡小組」共六堂，二零一九年三月開始上課；「家居安全檢測及到戶認知訓練」共兩節，二零一九年五月正式開始。
費用 免費，只接受領有長者生活津貼、綜援人士
地址 香港西營盤第三街206號毓明閣第一座地下高層
電話 2857-2405（負責社工：溫先生）
面書 香港西區浸信會長者鄰里中心

萬國宣道浸信會：「智趣同行」認知障礙支援計劃

由「Alice Wu memorial fund」基金贊助，支援患認知障礙初、中期長者及其照顧者的「護老愛老傳關懷」計劃，除提供個別跟進服務外，還包括每月認知及運動訓練、護送、暫托、陪伴及代購等。

日期 由二零一八年十二月至二零一九年十一月
費用 除輔導服務免費外，每月認知及運動訓練，每週兩次，收費一百五十元；其他服務則按小時收費。
地點及電話 荃灣綠楊浸信會耆彩中心（2411-2222）、深水埗元洲邨浸信會耆樂中心（2748-0738）

地區新增服務

**香港聖公會西環
長者綜合服務中心：
護老者服務**

護老者服務網站

中心最近新增「護老者服務」，為需要長期護理長者的家屬提供一系列的社區支援服務及活動，以減輕照顧壓力，並加強其護理技巧，當中包括支援家有認知障礙長者的家屬，分別提供長者參與的音樂、煮食活動，以及認知刺激訓練等，亦有義工上門協助長者「健腦」訓練，詳情可致電查詢。

費用　全免，現已接受報名
地址　西環山道28號曉山閣地下A‑E室
電話　2818-3717（社工陳穎彤、袁美庭）

**香港耆康老人福利
中心柴灣長者地區中心
「智腦友」**

屬恆常給有認知障礙長者的小組「智腦友」，逢星期一至五早上，有社工及義工教導不同認知訓練，像用平板電腦玩遊戲及集體遊戲等。不過，此活動不含照顧元素，長者需要有照顧自己能力；而「奇妙一刻」小組，則由社工帶領做手工、簡易運動等。參加者需要先成為中心會員。

日期　逢星期一至五10:00am至11:00am
地址　香港柴灣漁灣邨漁豐樓地下11-18號
電話　2558-0187
網址　www.sage.org.hk

**香港家庭福利會
香港西區分會：
「輕鬆結伴行」
認知障礙照顧加油站**

由認知障礙症照顧策劃師構思一系列活動，包括情緒和孤獨治療、色彩與大自然治療等，以及專題探討、同路人互動分享，幫助照顧者減壓，並提昇身心靈質素，以面對照顧狀況，費用全免。

地址　香港西營盤第一街80號A西園
電話　2793-2215、2793-2115

外傭培訓

葵涌醫院老齡精神科家融會：培訓外傭

耆智園定期和印尼領事館舉行全日的工作坊，葵涌醫院老齡精神科也會舉辦家融會，定期為外傭會員辦工作坊，曾經編製中、英、印尼文三種語言的《照顧者手冊》。

家融會電話 2742-7030

路德會長者鄰舍中心「耆傭服務」

路德會社會服務處的「耆傭服務」主要透過小組遊戲活動，令外傭了解與不同長期病患的長者溝通技巧，以減少彼此誤會，培養良好關係；機構另有「腦玩童俱樂部」活動給長者，透過認知遊戲加強能力，詳情可致電各中心。

時間 「耆傭服務」每月一次；「腦玩童」每星期兩次
地點 各路德會長者中心（友安、新翠、茜草灣、富欣花園、采頤）
電話 2199-9300　　**網址** https://www.hklss.hk/hk/

「外傭護老培訓試驗計劃」（第三期）

由社署資助的「外傭護老培訓試驗計劃」，主要為外傭提供培訓以照顧有長期病患長者，由衛生署的護士、職業治療師、物理治療師、營養師等做導師，教導日常護理，如量血壓、血糖，以及急救等知識，亦有與認知障礙症患者溝通方式，幫助傭人了解他們的行為、情緒等。舉辦單位包括：

土瓜灣聖公會樂民郭鳳軒綜合服務中心	**電話** 2333-1854
九龍城區東華三院黃祖棠長者社區中心	**電話** 2194-6566
紅磡聖公會聖匠堂長者地區中心	**電話** 2362-0301

台灣有治療犬

小狗在長者跟前走來走去，患有認知障礙症的長者們默默地觀察牠。良久，他們開始微笑，伸出那雙不太靈活的手，想要摸摸抱抱牠，更開口說出完整句子：「狗狗好乖！」

這個畫面經常出現在資深高級動物輔助治療師葉明理的治療個案中。葉明理也是一名護士，需跟進長者復康個案，她在台灣推動動物輔助治療工作近十二年，有份成立台灣動物輔助治療專業發展協會。

「我們會先跟長者見面，讓能力相近的長者一起治療。」她會先評估長者狀況，再度身訂做活動，例如認識治療犬和其主人的名字、認識其他長者、餵食治療犬、丟球、下簡單命令等等。先讓長者得悉治療犬在場，發現長者對小動物有興趣，才讓雙方進一步接觸和交流，例如讓長者摸摸動物的頭。治療犬能使長者活動手腳，並讓長者集中專注力，延緩身體機能退化，達致治療效果。「跟寵物互動，可讓他們活動肢體，又能令他們覺得快樂，一舉兩得。」

葉明理曾在二零一二年研究動物輔助治療對認知障礙症患者的成效。研究團隊把六十名年齡及認知程度相若的患者分成兩組，進行十六節治療，一組接受一般護理，不介入其他輔助療法；一組接受一般護理及治療犬輔助治療。接受普通治療的患者，整體狀況如生活自理、情緒、社交等各方面每況愈下，而接受動物輔助治療的患者，整體狀況則有進步。

　　陳婆婆患有認知障礙症，本來很怕狗，進行動物輔助治療時露出懼怕的神情。後來在動物輔助治療師協助下，慢慢記得小狗的名字、年齡、性別，也願意摸摸小狗。完成治療活動後，婆婆甚至跟女兒說要買新衣服，想讓小狗下星期來的時候看到她穿得靚靚的。女兒忍不住流下淚來：「好久沒看見媽媽這麼開心了！」

　　另一位患有早期認知障礙症的李婆婆，原本很健談，患病後情緒起伏不定，容易發怒。女兒帶她見治療犬，她對狗很友善，人際關係也慢慢改善，漸漸願意跟人說話，不再怒氣沖沖。

　　至於活動能力有限，甚至臥病在床的晚期認知障礙症長者，接觸動物也有幫助。「有些晚期患者會怕人，不願跟任何人接觸。」葉明理覺得這些害怕接觸人的患者，可以嘗試讓小動物幫忙。晚期病人對環境的反應相對少，看著活潑的小動物到處走動，可刺激感官，減緩退化。「因為小狗會跑來跑去，會發出聲音。長者不論好奇還是害怕，也可能會揮揮手，至少有一些反應，這已是不錯的治療效果。」

台灣動物輔助治療專業發展協會

由資深動物輔助治療工作者於二零一二年成立，旨在提升從事動物輔助治療之專業人員及動物的服務品質。協會主要工作包括認證治療犬、提升動物輔助治療師的資格和強化動物輔助治療員的技能。除訓練以外，亦會於學術層面上做研究、與海外交流等，促進專業發展。

面書 pata.tw

TRACKING DEVICE

第六章
防走失追蹤器

初期至中期認知障礙症患者都有可能走失，照顧者很擔心患者中途有意外。市面上防走失工具越來越多，技術由藍牙至衛星定位追蹤、價錢由幾十到幾千都有，很多還要到電訊商上台。

究竟<u>哪一款最適合照顧者本人和身邊的患者？</u>

這要看照顧者如何照顧，也要看患者的生活習慣和性情。

有多少人走失？

耆智園二零零七年調查:

421 名六十歲以上、家裡有確診或疑似認知障礙症患者的家屬中

超過

20%

家人曾經走失

確診的認知
障礙症患者中超過
30%
曾經走失

其中超過
40%
已經走失兩次
以上

超過
40%
表示患者曾經
走失

長者安居協會二零一五年
電話及問卷訪問
143 位認知障礙症照顧者

鐵閘上鎖鏈
爸爸要報警

馮家為防七十五歲的爸爸走失,扭盡六壬甚至鎖上鐵閘,爸爸發現了,嚇得要報警。後來女兒Maggie買了追蹤電話給爸爸,讓他可以自由出門之餘,還可確保安全不走失。

　　馮家逢星期日都會由屯門乘車到天水圍某酒樓飲茶,向來都是爸爸一早去等位,再打電話叫太太和子女出門。雖然爸爸數年前已確診認知障礙症,但家人以為他對這路線這樣熟悉,閉上眼也不會走錯,加上懂得用手提電話,所以一直放心,沒想到兩三年前一個星期日,家人等不到電話,致電才發現爸爸忘了酒樓怎樣去。

　　這對全家就像當頭棒喝:認知障礙症的病徵包括走失,但事情發生才知道問題嚴重。為防爸爸走失,家人不讓他一個人出門,直接反鎖鐵閘。馮家先後左遮右掩地用過不同大小的鎖頭、鎖鏈,每次與爸爸回家,都要比他走得快,不讓他開門發現。

　　爸爸要出門嗎?那就要立即阻止,安排家務分散他想出去的念頭。有一次來不及,爸爸開門看見鐵閘有鎖鏈,嚇得要報警。

　　大女兒Maggie說:「鎖閘始終不能長久,這樣對爸爸,就像軟禁。」於是上網搜尋防走失裝置。她在大門裝上遠紅外線感應器,爸爸一開門,媽媽就會知道,確保外出陪伴左右。

Maggie 曾參加平安手機講座，然而這種平安手機要記得按鍵才能收線，不適合健忘的爸爸；追蹤手錶也因他喜歡戴自己珍藏的靚錶，難以確保他每日肯改戴這追蹤手錶。輾轉間Maggie終於找到一部有衛星定位、可登入追蹤位置的摺式手機，合上電話就收線，那就不用怕爸爸忘記按鍵。

「媽媽是最辛苦的。」Maggie 吐出心酸的一句。媽媽是主要的照顧者，二十四小時貼身陪伴，除要想辦法安撫爸爸因為遺忘而產生的不安和脾氣，爸爸還會半夜起來弄醒媽媽。Maggie坦言自己天天要上班，無法照顧，唯有想盡辦法讓媽媽不用追著爸爸，她找了好多產品，比較當中的不同和優劣，幾經辛苦才找到適合的。

爸爸的認知障礙症已到中期，在家中稍有不安都會「離家出走」，不時忘記回家的路，幸好他必定帶上電話。每次他出門，媽媽就通知 Maggie 用程式追蹤，一看便知他在哪裡，全家都安心。等到爸爸來電說要吃飯，媽媽才去會合。

Maggie 說：「好在早在患病初期便教會爸爸使用新的手提電話，若現在他病情達中期才教他，肯定學不懂。那就連追蹤電話也無法用了。」

按距離
四種技術

防走失工具多，首要考慮的是照顧者是否貼身照顧患者？例如照顧者平日要上班，行動自如的患者會獨留家中，還是照顧者是二十四小時在身邊？

① 紅外線	② Wi-Fi

產品例子：

門窗開關感應器

產品例子：

智能管家（互動視像錄影）

紅外線感應靠人接觸到其光線、或接觸面改變發出通知，可裝於門窗作開關通知。貼在門窗邊沿，開關門窗會發出聲響，讓家人立即追截。

Wi-Fi連線類別因需有網絡穩定支援，只限於家居使用，一般用於家居監視器。可以透過視像觀看患者有沒有獨自離家。

適合：照顧者長期在家並待在患者身邊。

適合：照顧者可以間中出門，患者可獨留家中，就算出門也不會走遠。

　　紅外線可以感應門窗開關，患者一開門便響號通知，照顧者即時可以追出去攔截。Wi-Fi技術支援的工具如家居監視器，可讓照顧者短暫外出，例如買餸時，從手機看到患者突然外出，就可通知管理員攔截。有些照顧者會陪著患者，買菜或出門都一起，患者一走開，照顧者就可以使用藍牙技術，近距離找回。但患者如果走遠，或者照顧者根本不能時刻陪伴，那就要用定位系統的工具，知道患者去了哪裡。

③ 藍牙	④ 定位系統

產品例子： **藍牙隨身釦**	產品例子： **追蹤器、手錶、電話等**
藍牙可以短距離感應，可與患者外出時使用，例如隨身釦扣在患者身上，離開便發出通知，可以追蹤十米內走失了的患者。	可以追蹤十米以外的範圍，患者走失了，只要還在香港，就可以使用定位系統，例如衛星定位、電訊商訊號發射站等。
適合：照顧者和患者距離不會超過十米。	**適合**：照顧者無法時刻陪在患者身邊。

搞清楚
複雜變簡單

定位技術當中GPS適用於空曠戶外環境，LBS及Wi-Fi則適合於室內或交通工具中使用。至於將患者的定位結果數據發送到照顧者手機，便要靠另外付費的電訊商網絡了。

　　智能手機只要有Wi-Fi，便不需依靠電訊商網絡上網，為何這些工具有接收Wi-Fi功能，也要配備「SIM卡」使用呢？香港無線科技商會前主席、黃金時代基金會主席姚金鴻解畫：利用周圍Wi-Fi訊號定位，不需任何密碼和費用，但將定位數據上載及傳輸便要上網，就像使用手提電話發訊息，有SIM卡才行。

　　專賣長者用品的好好生活百貨店主Elis建議，初用者可先買太空卡（儲值電話卡），確定患病親友慣用了，才上台或買月費式追蹤器。不過幾位受訪照顧者都提到：「試想像家人不見了的感受，或者就覺得買張SIM卡不麻煩了」。

　　客人普遍都會擔心「充電」問題，Elis解釋：「健忘是認知障礙症患者常見的，很多照顧者都不是同住，『每天叉電』就有難度。」

定位技術

GPS

原理 利用地球外的衞星，偵測定位器使用者位置

條件 使用者需在戶外及空曠的地方才能給衞星偵測到

LBS

原理 利用電訊商安裝在城市各處的天線，偵測定位器使用者位置

條件 經過隧道等密閉空間或未能接收到

Wi-Fi

原理 收集定位器使用者附近至少五個Wi-Fi訊號，計算使用者位置

條件 因需不停搜索Wi-Fi訊號，非常耗電

　　問過本地追蹤手錶品牌ProVista Care、科學園香港應用科技研究院有限公司（ASTRI）、擁市面較新傳輸技術LoRa的思科系統公司，他們均指要定位準、功能多、小巧、同時不需時常充電，這「四全其美」暫時沒法做到，只能在電力持久和功能之間取捨。

　　例如ProVista Care的手錶功能多如一部小型手提電話，三重定位、還加入跌倒警號、每三十分鐘自動上傳位置等功能，一天需要充電一次；LoRa是可予大眾應用的傳輸技術中較新的，好處是穿透力高，不怕高樓密集影響傳輸，電池用量也可高達數年。不過思科的系統工程師Bosco指，現時用LoRa系統運作的追蹤手錶，電力可長達兩至三星期，亦只有GPS一種追蹤功能，而且沒有即時定位，位置改變大才會上傳一次位置。

　　瑞士有實驗室去年研發出可將動能轉化為電力的超薄新物料，科學園ASTRI高級工程師梁子翀覺得，如應用在手錶上便可延長電力，解決現時充電與功能二選一的難題。

家人最大困難

好好生活百貨也有售各式防走失工具。店主Aries和Elis表示，對衛星定位追蹤器有興趣的客人，都有家人走失經驗，不過大部份人都沒有買。Elis歸納原因主要是：

1
擔心患者不肯戴手錶追蹤器；
或會把覺得不習慣戴的東西丟掉。

2
患者與照顧者不同住，
難保患者定時為追蹤器充電。

3
照顧者嫌手錶或相關工具要配置SIM卡麻煩，
擔心花掉一筆最終沒用。

點選擇 四大因素

選擇防走失工具的考慮與平常購買高端電子產品不同，不能單單依靠產品規格選擇，還需顧及每位患者和照顧者皆不同的個人需要。

防走失工具由紅外線感應、藍牙至上述的定位系統都有，選擇需考慮四大因素：

1

家人患病的程度，例如他們能否使用電話？
是否行動自如？

2

患者的生活習性，例如平日會否戴錶？
會不會把不熟悉的隨身物品丟棄？
會介意朋友知道自己被追蹤嗎？

3

照顧者的照顧距離，
即是否同住？多久才見一次面？

4

科技支援，如家中有沒有無線網絡設備，
支援如家居視訊監察等工具？

誰適合哪種防走失裝置？

（圖表）

照顧者購買前，可先按下表，看看哪種防走失工具較貼合自己和家人的需要。

	遠紅外線裝置 門窗開關感應器	藍牙裝置 藍牙隨身釦	Wi-Fi家居裝置 CAM/智能管家
活躍度	/	/	活動自如、自由外出
	只能與照顧者外出，獨自在外會迷路		/
	活動能力弱，少外出，會迷路	/	活動能力弱，少外出，會迷路
社交	/	接受別人知道被追蹤	/
性情	/	願意戴新飾物/可見裝置或不願意戴飾物，但接受可隱藏的裝置	/
習慣	/	會忘記帶隨身物品出門	/
照顧距離	同住、日間要上班或不同住、間中見面		
	同住、24小時照顧		/
居住情況	非獨居		獨居
用途	出門通知，即時近距離尋人	離開一定距離通知，即時近距離尋人	定期觀察，發現外出即時追蹤/通知相關人士幫忙

定位裝置	
GPS定位及跌倒警報器 A2 	GPS定位及跌倒警報手錶 A3 
活躍度	由活動自如、自由外出,到活動能力弱、少外出都可用
社交	不想被人知道需配戴追蹤器
性情	願意戴新飾物 / 可見裝置
習慣	會忘記帶隨身物品出門
能否用電話	不會用電話
照顧距離	同住、日間要上班,或者不同住、間中見面
居住情況	非獨居,或者獨居但會記得充電
用途	遙距追蹤所在位置
評價	功能多 A2 及新一代 A3 都有時間顯示、電話一般功能、主動接聽功能、防走失定位功能、跌倒提示功能,手錶偵測到不尋常的大幅度郁動會主動通知主機程式。不止可防走失,也防止家人在家中發生意外失救。A3 用了四重定位功能,定位更準確,也新增了備忘提示功能。 A2 及 A3 手錶分別價值 \$998 及 \$1498,另需配備 SIM 卡。

定位裝置	
Doki Watch 手錶	Smart Sole 追蹤鞋墊

	Doki Watch 手錶	Smart Sole 追蹤鞋墊
活躍度	由活動自如、自由外出,到活動能力弱、少外出都可用	
社交	不想被人知道需配戴追蹤器	
性情	願意戴新飾物 / 可見裝置	不願意戴飾物,但接受可隱藏的裝置
習慣	會忘記帶隨身物品出門	
能否用電話	不會用電話	
照顧距離	同住、日間要上班,或者不同住、間中見面	
居住情況	非獨居,或者獨居但會記得充電	
用途	遙距追蹤所在位置	
評價	**外觀 FRIENDLY** 基本定位功能,而且設計有多種顏色,包括黑色可選,患者或更容易接受。 上台年費 $1,788 包手錶,平均月費 $140。(淨錶價約 $1,398)	**外觀 FRIENDLY** 完全隱藏追蹤器,甚至可瞞過不願被追蹤的患者。不過要從美國網購才買到。 價格逾二千,另需配備 SIM 卡。

定位裝置		
中國聯通追蹤器	智愛寶（榮華）	長者安居協會「隨身寶」

	定位裝置		
活躍度	由活動自如、自由外出，到活動能力弱、少外出都可用		
社交	接受別人知道被追蹤		
性情	不願意戴飾物，但接受可隱藏的裝置		
習慣	不會忘記帶隨身物品出門		
能否用電話	不會用電話		
照顧距離	同住、日間要上班，或者不同住、間中見面		
居住情況	非獨居，或者獨居但會記得充電		
用途	遙距追蹤所在位置		
評價	**價格相宜** 主要用GPS定位，有電子圍欄、同時可由十六位家人監察。電力可維持三至四天。 機價$288，上台費用$58，一年平均每月$82。	**可免費試用** 領取綜援的長者可申請免費使用，領取長者生活津貼者可以半價使用。 其他使用者月費$138（頭三個月以$980按金免費使用）。	**可申請免費** 戶外平安鐘，需每天充電。經濟困難者，可向長者安居協會申請免費使用。 月費$290至$330（加距離感應器）。

定位裝置		
長者安居協會 平安手機	長者安居協會 「智平安」	一般有追蹤功能 的電話
活躍度 由活動自如、自由外出，到活動能力弱、少外出都可用		
社交 不想被人知道需配戴追蹤器		
性情 不願意戴飾物或任何裝置		
習慣 不會忘記帶隨身物品出門		
能否用電話 能用電話、不會忘記掛線，或不會用智能電話	能用智能電話，不會忘記掛線	能用電話/智能電話，會忘記掛線（要用摺機）
照顧距離 同住、日間要上班，或者不同住、間中見面		
居住情況 非獨居，或者獨居但會記得充電		
用途 遙距追蹤所在位置		
評價 可申請免費 LBS定位、緊急求助需經過協會24小時「平安服務」熱線中心。需每天充電。經濟困難者，可向社署申請資助使用。 電訊商3香港和CSL一般都是零機價，上台月費每月$198-218。	最不礙眼 「智平安」是於智能電話使用的收費程式，用法與隨身寶無異，家人也可透過「智安心」程式追蹤患者。好處是外人完全不會察覺患者有用追蹤器。 上台月費$158至$168。	外觀FRIENDLY 患者外出不用擔心要解釋為何身上戴著追蹤器。價格逾千，可購買家庭計劃SIM卡。 月費約$400可與三位家人分享約6G數據。

有科技
還要靠人

佘小姐現年九十二歲的嫲嫲，曾經走失誤墮沙田城門河，幸好有途人將她救起。「若不是及時有人救，已經失去嫲嫲了。」佘小姐說。

　　嫲嫲七十多歲起，已出現認知障礙症初期症狀，經常懷疑兒媳偷走她的銀行存摺，到銀行提走她的積蓄。她還漸漸開始忘記服用長期服食的藥物，有時會整包丟掉。家人當時只是以為嫲嫲老了才多疑和沒記性。嫲嫲試過在家囤積了六十多條鮮魚，家人只是定期默默清理。

　　直至嫲嫲八十歲的某天，她呆在九龍塘突然忘了回家路，家人要到警署接人。豈料沒幾小時，嫲嫲在黃昏再次走失。佘家上下總動員在沙田及九龍塘區分頭尋人，並報警求助。兩個多小時後，佘小姐接到醫院電話，說嫲嫲跌了落河，被人救起送院！佘小姐說：「嫲嫲被救起時全身濕透，手袋裡有水草，好在及時有人救起。」

　　事隔十二年，佘小姐仍覺驚訝：「突然唔識路！之前從未試過！」原來嫲嫲平日每天都獨自外出購物，家人根本沒想過「行得走得」、又能自己煮飯買菜的人，會突然迷路至跌入河中。佘家事後回到沙田城門河了解，估計嫲嫲當晚誤認水中的大廈倒影為實物，便打算「過馬路」，豈料越走越深水，差點溺斃。

事後家人不再讓嫲嫲獨處，申請耆智園住宿服務時，才確診嫲嫲患有認知障礙症。

認知障礙症初期症狀不易發現，照顧者對患者走失的警覺性不足，佘小姐嫲嫲的情況時有發生。好好生活百貨店主Elis說，大部份來查詢追蹤器的人，都是家人曾經走失才考慮使用。身上沒有追蹤器的患者，走失了便只能靠好心人幫手。

一些患者本身獨居，或者照顧者也年紀大，追蹤器更加不易使用，靠的只能是左鄰右里和社區。然而一般香港人對這病認識不多，就算發現疑似患者，也不懂處理。

基督教服務處長期護理服務總主任周樂明表示，負責的中心及院舍都曾經有長者走失，附近管理員發現後轉告他們，卻未有幫忙尋人。「為甚麼有長者沒帶錢也能乘坐巴士？車長為何不多問兩句，防止那是遊走長者？」

警察防走失

在台灣等地區，警察已經有一套系統處理患者走失，但在香港還未有整全的做法。

　　將軍澳區的社工表示，警方失蹤人口組正派發「鞋貼」，家人可在貼紙上寫上患者的姓名和聯絡號碼，然後貼在鞋子內，例如綁鞋帶位置的內掩、鞋內墊底部等。當警員發現對方疑似走失，就會檢查鞋子。目前區內兩成七失蹤人口是老人家，當中有六成患認知障礙症。「警方想過，老人家平均只有三對鞋，特地找大腳汗的人試過，貼在鞋內，一張鞋貼可以用一年半載，而且不像電子晶片有私隱問題。」將軍澳安老服務大樓督導主任柯明蕙説。

　　耆智園過去兩年推動的腦動耆跡計劃會向警員提供一個半小時講座，內容包括辨識認知障礙症、用有效的方法與患者溝通、如何可以拿到身份證和不把患者嚇走。「先要介紹自己，説明這裡是甚麼地方，再問患者的名字。」耆智園高級訓練顧問崔志文解釋，一般警察多數稱呼長者「公公」、「婆婆」，患者會不知道是在對自己説話，會越聽越「瘟瘟」，建議説：「我是王Sir，這裡是沙田，你叫甚麼名字？麗娟？ 你知道家人的電話號碼嗎？」

　　耆智園亦會培訓商場保安；地鐵、巴士、輪船的員工；入境處等公營機構職員，以及醫院前線員工。「醫院相對多患者出入，醫護人員可能知道這病，可是接待處、清潔員等不一定知道。」崔志文透露，希望在兩年內可以培訓多達三萬社區人士。

個案

全民幫幫手

香港目前有大約十萬認知障礙症患者，當中八成處於初中期，預計二十年後，患者人數可以多達三十萬人，需要建立的，是認知障礙症的友善社區。

麗閣邨居民協會、富昌邨居民服務中心總幹事李炯一想起便擔心：「全邨約五千五百名長者，大都是獨居及雙老住戶，估計當中約百分之七有認知障礙。」

獨居的珍婆婆八十多歲，患有中期認知障礙症，丈夫去世後情緒不好，對環境的不安感更大。採訪當天珍婆婆便嚷著要走，下午四時多開始怕天黑會忘了回家的路，其間又想起丈夫，邊說邊哭。

而曾伯和患上晚期認知障礙症的太太亦已七十多歲，太太曾走失過十幾次，大部份是一起在北河街買餸時發生。曾伯自己也有視障，每次都得靠人幫手找。現在照顧曾太的長者日間護理中心為她申請了隨身寶，不過曾伯不太懂得追蹤等用途，有事只能靠中心社工幫手。

李炯表示，像珍婆婆和曾伯夫婦的患者在區內很多，平日只能盡量多留意和關心，有人手時帶帶路，他也擔心走失風險以至在家中跌倒風險，唯有發生事時盡量做。

他知道有追蹤手錶兼有跌倒後求救功能，直言這些工具可以協助社區社工、義工等照顧獨居及雙老認知障礙症患者：「起碼跌倒可以即刻上去，唔會經常因失救而死」。原來去年科學園ASTRI曾邀請李炯合作，發展本區防走失支援，提供追蹤器予長者，由中心監察。不過李炯得悉，科學園那邊至今還未籌得足夠贊助。

協助三部曲

賽馬會耆智園項目經理兼高級訓練顧問崔志文，曾為不少專業人士提供應對認知障礙症患者的訓練。他相信，管理員、巴士司機，以至一般途人大部份非不願幫忙，只是他們不懂得如何幫。以下是崔志文強調的三個重要步驟：

STEP 1	STEP 2	STEP 3
盡快取得對方稱呼以取信任	避免抽象問題	保護自己免受懷疑

認知障礙症患者對不熟悉的人事物都容易不安，不安感可能產生脾氣、或想走開。

崔志文建議看見四處張望、懷疑是走失的患者時，可先報上自己姓名，然後查詢稱呼，此後多稱呼對方，讓他感覺你們是互相認識的。取得信任後，才查問更多資訊，予以幫助。切忌心急「幫倒忙」。

「你住邊呀？」、「你從邊度嚟㗎？」等問題一般人聽起來簡單，但原來開放式問題、他答不出答案的問題，也有機會令患者不安。

崔志文建議，發現患者回答不來，便改問些「一定答得出」的問題，慢慢建立他的安全感。例如：「你見唔見到前面有張櫈？我哋過去坐好唔好？」、「你係咪帶咗個袋呀？(已經看見袋子)」。

　　成功穩定患者情緒後，可以問題引導對方打開袋子，尋找電話或其家人聯絡方式。為免自己受懷疑，即使要拿起對方電話幫忙撥號，也必須每步交代清楚，保持患者繼續安心。

　　最好是多找一位途人一起幫助並互相做證。若無法找到聯絡方法，最後一著便是報警處理。崔志文估計，整個過程約十分鐘，若久未獲信任，他也建議好心人在警察來到之前，問準對方可留在他身邊，至少可保安全。

齊齊善用科技

　　耆智園製作了「尋耆跡」應用程式，邀請香港境內人士登記成「耆跡天使」，自願加入社區尋人行列。崔志文表示計劃為期兩年，目標是聚集到三萬位熱心人士，雖暫未達標，但反應不錯。不過應用程式實際上是一個分享平台，真的要在社區內尋人，程式沒有技術支援，只能「盡人事搵」。

　　假如對認知障礙症的公眾教育做得好，社區人士又樂意協助，其實可以配合科技應用，打造全民尋人的認知障礙症友善社區。日本品牌ALSOK早前推出一款小巧的藍牙追蹤器，因為是藍牙才能做得小，方便藏在患者衣物間而不被察覺，缺點就是遠程追蹤必須要有感應器在附近。

　　於是ALSOK與多摩市內的商戶合作，讓其員工自願下載相關程式，感應追蹤器，若他們收到通知，即附近可能有走失者，可盡快提供協助。這種科技與社區人士的結合，不但能減低患者遊走期間發生意外的風險，也同時突破了現時追蹤器在科技上的局限，令藍牙追蹤器也可發揮遠程追蹤的功能。

DYSPHAGIA

文：陳曉蕾、姚敏惠

第七章
當吞嚥困難

對於晚期認知障礙症患者，<u>進食是漫長的糾結</u>，讓照顧者耗盡心力，最後還要面對艱難的插喉抉擇。

雖然醫護專業研究都指出用鼻胃喉一樣可以導致肺炎，並且影響生活質素，若然病情本身無法改善吞嚥能力，並不建議使用管道餵飼。然而實際上，家人並不容易作決定。曾經訪問過一名醫生，他的父親便是長期用導管灌奶。<u>因為不同醫療看法？親戚壓力？還是，不捨得？</u>

那醫生臉上的表情非常複雜，靜了好久都沒法回答。

管道餵飼比率

香港二零零九年的研究估計：

護老院內超過

1/3

晚期認知障礙病人
被插入管道餵飼

在台灣

估計
30%
六十五歲以上的
長者有吞嚥困難

(測試) 吞嚥能力小測試

	無此情況			經常發生
1. 吞嚥問題令體重下降	0 1	2	3	4
2. 吞嚥問題影響外出用餐	0 1	2	3	4
3. 進食液體或流質食物比較費勁	0 1	2	3	4
4. 進食固體食物比較費勁	0 1	2	3	4
5. 吞食藥丸時比較費勁	0 1	2	3	4
6. 吞嚥時感到痛楚	0 1	2	3	4
7. 吞嚥困難減少進食的樂趣	0 1	2	3	4
8. 吞嚥後，食物會黏在咽喉	0 1	2	3	4
9. 進食時會咳嗽	0 1	2	3	4
10. 吞嚥時感到有壓力	0 1	2	3	4

總分

總分三分以上代表可能有吞嚥困難的風險，請咨詢言語治療師和醫生。

寧願做飽鬼？

香港二零零九年的研究估計，護老院內超過三分一晚期認知障礙病人被插入管道餵飼，而拒絕插管的病人，往往會被綁起來。這數字遠比歐美國家多。耆智園總監兼中大認知障礙預防研究中心副主任郭志銳教授指出：「『吞嚥困難』是我們評估出來的，以前病人能吃就吃，沒有這樣普遍地插喉。」

他解釋大約十幾年前英國有研究指出，中風病人很多死於肺炎，以管道餵飼可以減低死亡率，自此所有中風病人都會做吞嚥能力評估，分數低就會插管；後來英國又有研究指出，管道餵飼就算減低死亡率，但增加了嚴重傷殘的機會：「即是『吊命』！所以英國就開始減少管道餵飼，現在英國中風病人也不會這樣插喉。可是香港似乎並不介意嚴重傷殘，我們覺得生活質素再差，依然是活著。」

中風病人有機會康復，管道餵飼可以是暫時，但末期認知障礙症吞嚥能力衰退並不能逆轉，英美澳紐等地都已經不建議使用。醫院管理局在二零一六年發出的《對維持末期病人生命治療的指引》，附錄四亦指出為進食困難晚期認知障礙病人作決定時，要考慮倫理和醫學法律，並特別強調病人的感受：從口裡吃食物，有進食和社交的愉快感覺，管道餵飼不能感到愉快。

病人被管道餵飼，還有重要的文化原因，人們不願病人「捱餓」。

郭志銳每次都會向家人解釋，管道餵飼是有代價的：如果插鼻胃喉，可能就要把病人綁起來，有些家人不想綁就不插，但也有一些仍然堅持。「家人的想法是『餓』很辛苦，就算過身都要做『飽鬼』。」他說：「其實到了晚期認知障礙症，病人已經沒有餓的意識，若然肚餓，自然會食，為什麼整天餵他都不吃，就是因為他不覺得餓，病人可能沒有家人想像的辛苦。」

以人為本餵食法

賽馬會耆智園高級訓練顧問職業治療師鄧若雯提出「以人為本」的餵食方式，她指出傳統照顧大多專注在「疾病管理」，插喉被認為可減肺炎風險；而以人為本的照顧，則以患者需要作主導，維持他們的quality of life。

晚期患者大多不懂表達，她提醒照顧者要細心留意：「不肯吃飯，發脾氣，是否牙齒出問題？沒有牙，戴假牙也會有機會弄損牙肉影響進食。視力衰退，看不清楚食物也是拒食原因。」

要確保患者安全地進食，坐姿非常重要，下巴向下，頭不向後昂。餵食也有技巧，她說：「用小匙餵，每餵一匙都要確保患者吞嚥兩次，不要怕煩問他們：『吞完未？』如有鯁塞，也不要立即灌水。」

　　色、香、味，也是鄧姑娘認為要注意的餵食細節。「環境要安靜，因為患者集中力差。餵食者是熟悉的面孔也會讓患者會多吃一口。咀嚼力不佳的，就要改變食物質地，但碎餐、糊餐也不要菜、肉、飯混在一起，嘗試把原樣食物放在旁，解釋這糊餐是甚麼食物。」

　　她還有不少開胃菜，如各式調味料、醬油、腐乳，甚至叮叮點心－難道不怕影響血壓？「高血壓的人，吃飯比較重要，還是升些微血壓比較重要？當然是肯吃比較重要吧！」她還打趣說，如喜愛吃燒鵝髀，就留下骨頭讓他們嚐嚐味道吧。

　　患者用的圍裙，尤其男士用的不要太「小朋友」，要維護患者的尊嚴。所用的餐具也要防滑、易用，讓他們可以自己吃，如能多吃一口，別忘了稱讚。

銀髮料理書

台灣估計三成六十五歲以上的長者有吞嚥困難，除了認知障礙症患者，還有癌症、中風病人、牙齒矯正者、下巴受傷等，面對食物咬不動、吞不下，沒胃口，導致從食物攝取的營養越來越少。

　好些烹調家特地設計食譜，改變烹調技巧，巧妙地運用於喜歡的食材。

吃出軟食力

作者徐于淑是台灣營養師，曾經照顧口腔癌病人，很明白病人想吃但吃不下的痛苦，設計的菜式例如蘋果炆雞，軟嫩好味，並且注重營養。

解決咀嚼與吞嚥困難的特選食譜

由日本東京都健康長壽醫療中心設計，書籍的版面設計相當專業，仔細解釋如何防止誤嚥，除了大量海鮮食譜，還有極為吸引日式甜品。

頤養好食

由台灣伊甸社會福利基金會設計的烹飪食譜「天書」，參考日本介護食(Universal Design Foods)的基本烹調和理論，再配合台灣人的飲食習慣與口味，相當適合香港人。

TIPS

1 處理食材時，要把肉類和蔬菜的纖維切斷，而不止只是切碎；

2 善用蛋液、鮮准山等的黏稠效果，例如加入豆腐造成炸豆腐丸子，就會比鬆散的豆腐容易吞嚥；

3 食材先汆燙變軟，把水倒掉，加入少量的油蒸煮，等水氣蒸發後再調味，味道會更好；

4 一道料理若有軟硬不同的食材，要按不同時間烹調，才會口感一致。

吞嚥困難人士該避免的食物

1 粗糙或黏性太強的食物，如全麥梳打餅乾、芹菜、菠蘿

2 易碎食物，如蛋卷

3 黏膩食物，如湯圓

4 硬質食物，如果仁

吞嚥輔助食品

二零一八年底的樂齡科技展，展出香港有售的軟食產品，除了院舍使用，還可讓照顧者方便買回家的即食沖劑。

盛饌：家居精緻軟餐

聖雅各福群會屬下的「盛饌」，除了提供給院舍，也在四個分銷點直接賣，以及網購。推出的家居精緻軟餐，共有九款菜、七款肉，每款菜肉還可配搭不同醬汁。產品是冷凍的，要打開包裝，隔水蒸二十五分鐘。

分銷點及服務時間：

灣仔聖雅各福群會滋味廚房
地址 灣仔石水渠街 85 號 3 樓南翼
時間 周一至周五 9am-5pm
電話 2831-3237

中西區長者地區中心
地址 上環市政大樓 11 字樓
時間 逢周三及六 9am-4:30pm
電話 2805-1250

網購

石硤尾慈惠軒
地址 石硤尾大坑西邨民興樓
　　　 地下 1-3 號
時間 周一至周五 10am-5pm
電話 3586-9944

荃灣懷愛長者鄰舍中心
地址 荃灣福來邨永樂樓 11-16 號地下
時間 周一至五 10am-4pm；
周六 10am-12:30pm
電話 2412-7844

雀巢：快凝寶

雀巢主打即食，非常快手：「快凝寶即食營養糊餐」有匈牙利燴牛肉和法式至尊雞兩款味道，開水可吃。為院舍設計的類似飲品機，分別有八種和十種濃稠程度，一按就有。另外也有兩款食物凝固粉。即食營養糊餐萬寧和屈臣氏有售，$145 六包。

文化村：食倍樂

文化村的「食倍樂」吞嚥輔助食品由日本引進，共有三款產品：食倍樂、吞美樂、食倍樂Meat，分別可用作為液體增稠、凝固糊餐和軟化食物。

而文化村的安老院舍，提供有「食倍樂」軟餐膳食，例如紅莓汁聖誕火雞是將煮熟的火雞，加水和食倍樂粉一起放入攪拌機，攪拌至沒有顆粒，經過加熱、塑型後再切片上碟。

九至五飲食：樂斯膳食餐

嘉里集團「九至五飲食」投資生產，一餐可以配有口味：米糊、小棠菜糊、南瓜雞柳糊、甘荀糊等等。

目前推出的「樂斯膳食餐」為院舍設計，院舍按每日需要訂餐，可急凍儲存，再用蒸爐加熱。新鮮食材蒸熟，弄碎，沒有加入凝固粉，需要時會用改良粟粉增加糊餐稠度，每款產品都經營養師評估。

理大言語治療所網頁

理大言語治療所設計的電腦網頁簡介吞嚥困難的基本資料，還有遊戲讓大家明白怎樣幫助吞嚥困難的朋友，有時坐得直一點，已經能夠吃得好一點。

網址 www.polyuswallowing.org

不同家人不同選擇

在耆智園就管道餵飼訪問了多位病人家屬，最常聽見的回答是：「順其自然吧，今日不知明天事，見步行步。」不少家人都表示會盡力讓病人進食，直至沒辦法時再想。

佘小姐的嫲嫲九十二歲，在二零零九年確診認知障礙，家人估計可能早在二零零六年已經患病。「嫲嫲最初還有牙齒，食物只是挑走骨頭，後來開始食『碎餐』、『軟餐』，到現在是『糊仔』。」她形容「捱得到就盡量捱」，還不敢想以後會否用管道餵飼，就算喝水，也是堅持了一年多才加入凝固粉：「我們在水裡加味道，首先用檸檬水，習慣了不肯喝，又改用蜜糖水，這兩星期才開始加入凝固粉。」

梁小姐的媽媽二零一六年十二月過身，堅持最後都不讓媽媽用管道餵飼。「媽媽一直發燒，十幾天也不肯吃，我們用人手餵，半小時媽媽才肯吃進一小口，卻不吞，我們怕食物會哽到，又用半小時去挖出來，兩個小時才勉強吃了幾口。」但梁小姐拒絕醫護人員插鼻胃喉灌奶：「一定不要，插了就不能自己吃，那還有甚麼生活質素？我自己也不會想這樣，上面插（灌奶），下面又插（排尿），那是怎樣的生活？」媽媽入院兩個星期都沒進食，只有「吊鹽水」補充水份，但去世時可能因為發燒，臉色紅潤還是「漲卜卜」的。「就算最後她走時營養不良，我也是可以理解和接受的。」她說。

　　何小姐的媽媽在二零零八年確診認知障礙症。她最初接受訪問時很猶豫：「難道身體還好，只是不能進食，那也不插（鼻胃喉）嗎？」後來決定趁媽媽仍然能説話，鼓起勇氣開口問：「那天我叫媽媽做運動，乘機講多一句：『多做運動，不然有些人老了吃不到，要插喉㗎！如果是你，會唔會想插？』媽媽靜了靜，説：『老了就要死啦！』『有的唔係好老，只是吃唔到。』我講完，媽媽就答：『插喉好痛的 …… 老咗都係死，唔死街頭無位企。』」

　　何小姐這刻不能肯定以後會如何，但起碼她知道媽媽的意願。

後記

一級樓梯都留住

吞嚥困難報導刊登後，Cindy 在大人讀書會提出：「你們沒有報導插喉的患者和照顧者，這也是一種選擇。」她媽媽患有認知障礙症十年，最後一年半都是插入鼻胃喉管道餵飼。

十年前八十多歲的媽媽跌倒，送去醫院才發現上患上認知障礙症，出院後聘請外傭，再經輪候，可以每天都去日間護理中心參加活動、做運動。二零一五年媽媽開始食量減少，吃得好慢；七月肺炎，入醫院後就沒法進食，醫生建議插入鼻胃喉。

「那時好大掙扎！整天在想：插了會否以後不能自己進食？不插會否就是 pass away？連醫生也不知道。」Cindy 周圍問：丈夫本身決定什麼都不插，但對她媽媽就不表示意見；兒子是醫學工程師，試藥時也試過插鼻胃喉，覺得不是壞事；姐姐支持插，認為要給媽媽一個機會；親戚試過替長者插喉，說之後變得肥肥白白……Cindy 最後決定管道餵飼，醫院替媽媽戴上手套防止拔掉導管。

出院後，Cindy 把媽媽接回家，每個月都有社康護士來替媽媽換鼻胃喉：「護士手勢好，換喉就不痛苦，手勢不好，媽媽就會皺眉頭。」外傭也學懂灌食步驟：先抽胃液，滴下酸鹼試紙確保導管是插入胃部；再打空氣，用聽筒聽胃部會否有「噗」一聲，確保導管沒太貼胃壁，然後再灌奶，一日五次。

　　媽媽看來並不抗拒插鼻胃喉，沒有拔掉，也就不用被綁手；夜裡Cindy怕媽媽會「抹鼻」，會為她戴手套。「其實她的手，也做不了什麼動作。」Cindy覺得這不算很大的約束。

　　Cindy想媽媽繼續去日間護理中心做運動、有社交活動，但媽媽在新的居住地區不斷被拒絕。「我問了好多間，都說插了鼻胃喉就不收，因為沒有護理人手！」Cindy很生氣：「如果晚期就是要插喉，那為什麼日間中心不準備護理人手？難道我一定要把媽媽送入老人院，才可以像在日間中心有活動？如果不活動，媽媽很快就會肌肉萎縮要長期臥床！」

　　最後媽媽天天坐車回到先前的日間中心。「那些員工好疼媽媽！有一次做運動，媽媽竟然可以接到球，全場都好開心，媽媽流眼淚。」Cindy強調媽媽插著鼻胃喉，依然是有生活的：「有次醫生開精神科的藥，媽媽反應好好，竟然可以翻書，還讀出聲來。媽媽以前是教書的，寫得一手好字。」

　　插喉後的一年半，媽媽再有五次肺炎，不斷被送進醫院。「她一有肺炎就會閉起眼睛，在急症醫院一兩個星期、復康醫院兩三個星期，出院了，外傭就會訓練她能坐起來，可以坐車去日間中心。」Cindy很努力在進出醫院期間，保持住媽媽的生活。

　　「心理要調整，每次進院都會跌一級，但就像樓梯，我好努力把她留在那一級，有咁耐得咁耐。每一梯級上的生活，都可以是精彩的。」Cindy說有一次出院，全部親戚都來了一起吃飯，

媽媽也轉動頭部,看來亦享受和大家在一起,第二天她再入次醫院:「可是你能說這一餐飯沒意義嗎?媽媽可以和大家在一起,這短暫的一天不重要嗎?」

Cindy坦言自己害怕死亡:「有時也想,為什麼我不是一個石頭?一棵樹?那就不用難過。如果人出生就是步向死亡,這幾十年不也很可怕?為那什麼我仍然要活著?既然都是過程,媽媽為什麼不可以有這插喉的一年半?」

「媽媽始終會『落樓梯』,但每級樓梯上的時間,再短暫都可以精彩。她可能只是有一點反應,但這反應就像太空人在月球上的一小步,對人類是好大成就,對媽媽本人,已經是很多人包括她自己的努力和堅持。」

二零一七年一月,媽媽第六次肺炎入院後離世。

管道餵飼

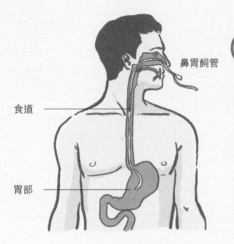

鼻胃飼管

食道

胃部

選擇 **1**

鼻胃飼管
NASOGASTRIC TUBE

由鼻子插進去，經過喉嚨、食道，進到胃部。飼管本身有粗有幼，幼身的感覺較舒服，較適合長期使用，但因為較易閉塞，在香港會選用較粗的飼管。

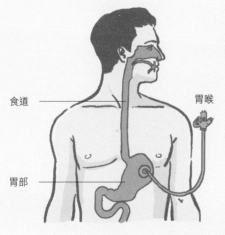

食道　　　　　　　　　　　　胃喉

胃部

選擇 **2**

經皮下內視鏡胃造口術
PERCUTAENOUS ENDOSCOPIC GASTROSTOMY (PEG)

經手術在腹部開口，再以內視鏡插入胃喉，管線較大，可以灌食較多樣的食物，但腹部開口周邊需要適當護理，以防感染。

鼻胃飼管餵飼程序

病人有機會待在家，照顧者需要學習如何餵飼。

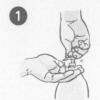

清潔雙手

檢查鼻胃管有否移位

除去飼管的塞子，用30毫升注射器抽取胃內容物

以酸鹼度試紙，測試酸性反應，確保鼻胃管位置在胃部

將配方奶等營養液倒入餵飼瓶

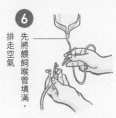

先將餵飼喉管填滿，排走空氣

將餵飼喉管連接鼻胃管

奶等慢慢流進鼻胃管

調校速度調節器，讓配方

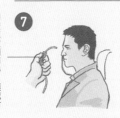

餵飼期間病人應坐起，或以30度角仰坐

餵飼完後，再注入暖開水，一般由營養師寫明水份，最後用膠塞子塞緊鼻胃管口。

資料來源：新界西醫院聯網

圖：Brian Wang

END OF LIFE

文：陳曉蕾、江麗盈

第八章
走好最後一程

「認知障礙症患者會有三次死亡：social dying、self dying、physical dying。首次失去社交關係，接著失去自己，最後才失去生命，照顧者也一同經歷這三次『死亡』。」香港大學秀圃老年研究中心總監樓瑋群指出，這過程可以長達十年，家庭照顧者很容易過勞：「尤其是中國人的社會，關係很深，有一種『黏連』。患者忘記了家人，家人就像自己也有一部份不見了，沒有關係，也就失去連繫，額外痛苦。」

心理最沉重

扶康會總幹事陸慧妍多年來用盡心力照顧家人：「我不是同住，不是定義的照顧者，不缺錢也不缺知識，但心理壓力非常大。」

「我的女兒也不明白：點解你咁緊張？但一剎那，哥哥會跳樓、媽媽會跳樓，每分鐘都可以出事！」

　　陸慧妍很愛哥哥，訪問裡不止一次眼紅紅。「爸爸行船，哥哥一直照顧我們，他是我們的榜樣。」她牢牢記得哥哥的勤勞，不斷為家人犧牲。哥哥五十出頭時被解僱，太太早逝沒有子女，於是與母親同住長沙灣。「表面上是哥哥照顧媽媽，但我們很快發覺他的記憶力變差。」陸慧妍在社福界工作三十多年，敏銳地馬上找醫生，隨即發現哥哥有認知障礙症：「原來哥哥有睡眠窒息症，曾經多次輕微中風。」

　　哥哥自己上網，查到這病不能好轉。「他望著天，問：『為甚麼是我？』」陸慧妍憶述時眼淚在眼眶轉，忍著不掉下。

訓練不及退化快

　　家人團結，陸慧妍和弟弟妹妹三家人輪流來看哥哥，移民美國的姐姐每年一定會回來。大家湊錢成立照顧基金，並與哥哥辦理持久授權書，管理他的財產來照顧。

　　找服務難不到陸慧妍：去記憶診所由職業治療師跟進，在基

督教家庭服務中心做評估，再到認知障礙症協會的日間中心進行大組訓練，哥哥不喜歡，又轉到耆智園接受個人訓練和小組培訓，回家繼續用電子產品繼續玩健腦遊戲。可是退化速度很快，有一天哥哥從耆智園回家時走失，唯有改到家附近的日間護理中心。漸漸地哥哥出現幻覺。「他堅持外傭偷咖啡，說她有特異功能，可以不拆開包裝，就偷掉送給對面的外傭。」

同住的媽媽很難過：「為甚麼這樣顧家的兒子會這樣？沒仔女沒太太沒工作，我代替他死，換他健康！」媽媽是長期病患，有心臟病、高血壓、糖尿病，腎功能只得一成，不斷要洗腎。

外傭不能無

哥哥的行為問題越來越多，在家大發脾氣亂丟東西。「我馬上叫媽媽和外傭進房間，我坐的士由東涌趕過來。」陸慧妍帶了哥哥看醫生，又要安撫不斷嚷著尋死的媽媽。

有一次在電梯裡哥哥說要大便，陸慧妍說已經到了八樓，忍到十二樓的家吧，哥哥已經拉在褲子。進到家門大便從褲管掉下，哥哥踏到周圍都是：牆壁、地磚、地氈……「我已經不止一次要清理大便，心很痛。所有認知障礙症患者的家屬，都要經歷否認到承認，接納後再想方法處理，過程很痛苦。」

陸慧妍很喜歡扶康會的工作，每天張開眼就想上班，經常忙完一天還要帶文件回家做到半夜。她除了週末外傭放假時和

弟弟妹妹輪班照顧，一週還會去幾次看媽媽和哥哥，手提電話永遠開著放床頭，一有不妥就乘的士趕去。

與媽媽哥哥同住的外傭非常重要，但媽媽三年來換了四、五個。「老人家嫌打掃不夠乾淨，嫌印傭不吃豬肉……總之沒停過『在豆腐裏挑骨頭』！」陸慧妍唯有對外傭額外地好，加人工、送零食，讓她覺得受尊重願意留下。

「姐姐，辛苦你了。」陸慧妍對外傭說。

「我知道，她有病。」外傭說：「雖然我可以離開，但不一定可以遇到你這樣好的僱主。」

兩人試過抱頭大哭。

社會要教育

陸慧妍在二零一六年也替哥哥申請了院舍：「哥哥現在才六十歲出頭，萬一活到八十歲？」她選擇的院舍，有自負盈虧宿位，必要時可以付全款，再等候同一院舍的政府津助宿位。她無奈地表示再不忍心，也得準備：妹妹已經計劃移民，弟弟也有長期病。

「做照顧者對我，最大壓力不是錢，不是資訊，而是心理壓力。有時阿媽不舒服、阿哥發脾氣，我趕去安撫，回家還要趕報告明早交。我也有情緒。」陸慧妍沒時間去家屬小組等支援服

務，很慶幸丈夫也是社工，可以不停輔導。

　　她相信對一般照顧者，最重要還是同路人互相支持，知識是「硬綁綁」的，要有信念和感情去維繫。社會亦需要教育，讓其他人明白患者和照顧者的需要。「有次哥哥突然在地鐵唱歌，旁邊的年輕人馬上走開。」這讓她想起早年智障人士在社區被歧視，是多年教育讓公眾變得友善。

　　陸慧妍最近開始要替哥哥洗澡，也不怕尷尬，因為親情是一生一世的。哥哥回家見到媽媽，會一直叫媽媽，親媽媽的臉，有時兩人十指緊扣散步。「他們兩個，少了一個也不行……」陸慧妍心裡不禁想。

不愛也得照顧

Dorothea退休前在大學社工系教書，曾經是精神治療師，十五年來逐一照顧丈夫、弟弟到過身，目前正照顧認知障礙症的奶奶。

「其實我的奶奶呢，並非很喜歡我的。

她很有錢，很懂得炒股票，說話很犀利，以前我總是避開與她爭執，彼此都心知肚明，我保持禮貌尊重她就好了。到了她生病，我是心甘情願照顧的，因為這是我的責任。平時都會關心一個老人家，何況那是你丈夫的媽媽。

她有認知障礙症，初期我很無奈，後來病情越來越差，我很為難，曾經兩次要去警署找她。有時不禁埋怨奶奶：「你都不合作，我已經做了那麼多，你聽吓我話啦，你現在只得我。」

天主要我順服

有一天，我不開心，在客廳大哭很久。突然間腦裡跳出一個字：「surrender」，原來天主叫我幫奶奶的事，是「順服」，不是她跟著我，而是我跟著她，那刻我發現擔子輕了。她要做的事，無論多不合理，我都順著去做，從中學會照顧她。

奶奶堅持要找舊屋，舊屋已經拆了，但她一定要找到。我就當和她去旅行，帶著橙子，累了就讓她坐下，在中環走了三、四小時，由得她不斷問路人，因為她不相信我說已經拆了。直到她累了，「不如我們坐的士回家？」我問她，她就上的士。在的士她仍然想去舊屋，我說：「一陣再去啦。」她也就跟我回家。

後來工人照顧不來，走了，我自己年紀也大，去她家住了

三天，日間照顧她，趁她睡覺時買菜，晚上又要起身守著她，怕她跌倒，三天後我已經筋疲力盡。她剛好生病入醫院，我問社工，社工建議出院後去老人院，我就找了很多老人院，送她進去。

親戚多閒話

奶奶進老人院後，有一位親戚不斷叫她出院，我發現這親戚是有心想取走奶奶一些東西，我不想得罪親戚，可是也想保護奶奶。我打電話給在加拿大的朋友，她教我和奶奶談，還幫我寫一封信。

我照著信讀給奶奶聽：『如果你真的需要這位親戚去幫你，那麼我會退出，我只會理關於你醫療的事，其他你的錢、你的東西我就不會理。』奶奶很醒目，馬上說：『你不理我怎麼行？』她跟那些親戚說：『不如我來你家你照顧我？』那些親戚立刻耍手兼擰頭，就不敢干涉了。

現在奶奶要穿尿片，我以前也想像若有這一天，我能否接受這樣親密的接觸，但原來當她有這需要的時候，你會放低自己。

我是漸漸學到怎樣去愛她：奶奶有時會在親戚面前講我不好，我很難受，直到有一次我讀到一句話：「耶穌就是在別人的痛苦裡出現。」耶穌那麼好，怎會在奶奶那裡？後來我才明白奶奶所受的苦，與耶穌的苦一樣。我多謝她給我機會學習愛她。天主教徒要愛人如己，天主也會看到我所付出的。

我對她很好，人們常誤會我是她女兒，不是新抱。」

無奈學放下

淑儀照顧患有認知障礙症的媽媽十年:「我沒有放棄媽媽,但作為照顧者一定要平靜,才能繼續照顧。」

「我媽媽年紀很小就來香港,只讀過三年書,可是她很喜歡學習,天天看報紙,曾經寫信給我學校老師,老師問:『你媽媽是大學生嗎?』

我們長大後,她去很多機構當義工,其中一個長者小組沒經費要停辦,她就和小組成員一起註冊、找贊助,繼續辦活動。她也吃得很健康,每天晨運,五十多歲才學游泳,天天都游二三十個直池—以為這樣就可以保持健康?二零零七年她確診認知障礙症。我晴天霹靂,媽媽當時八十二歲,也許,如果生活沒有這樣豐富,可能更早患上?

我找資料,帶媽媽去日間中心,天天有活動,學畫畫、寫字、織冷衫。二零一三年年她中風,後來左腳要截肢,就開始走下坡。二零一五年日間中心沒法再照顧,十月送入院舍,一場噩夢開始。

院舍一場噩夢

當時媽媽已經不懂讀書了,但仍然會翻書看,我把書本都放在她輪椅後的袋子,可是一進院舍這些書就被放入櫃,只有當我去看她,才能拿出來。我天天餵她吃飯,很慢,要一個小時。

　　十一月，有天中午我無緣無故遲了出門，想過不去，但心裡彷彿有聲音叫我去。我只是遲了半小時，但到了院舍全部都關燈，水盡鵝飛。進到房間見到媽媽，她眼睛很憂傷：她被綁在床上，兩隻手直綁到床欄，一點都動不了。

　　「阿媽你好叻，叫我這時來。」我第一個念頭是媽媽讓我看到的，然後腦中起了十萬個問號，她不發脾氣、不會擾攘別人的，怎麼啦？

　　院舍職員輕描淡寫地答：「你阿媽揼片（尿片），弄污地方，所以要綁起來。」為甚麼弄尿片就要被綁起來？不許她做一個動作，就要連所有動作都做不了？！我入院時已經再三強調不能綁，院舍事先也沒有問過我！

　　但我可以怎樣？

　　院舍的人很惡，見過一位婆婆被餵飯，嘴巴不懂張開，護理員拿著羹硬塞，一餐飯沒吃完，嘴巴都紅了。我想出聲，但想到媽媽得住在院舍，就不敢開口。

被迫綁起來

媽媽被綁，我唯有慢慢談：除了綁手，會否有其他方法？院舍說可以用約束衣，像背心圍起身體，媽媽的手就碰不到尿片：「但你要買㗎。」買囉，我希望有得商量，不是這樣雙手被綁，穿約束衣起碼腳能動，可以坐起來。

二零一六年四月，我剛好不在香港，媽媽被送入醫院，沒人手餵就被插了鼻胃喉。我回來找醫生談，本來還想找言語治療師，媽媽能自己吃就可以拔掉，可是她那時已經放棄，大部份時間都是閉著眼睛，我去看她才張開眼。

插了鼻胃喉，就算她沒有拔，醫院也把她綁起來，她的手開始腫。三個月後，她在醫院離世。

面對這些，我震驚、生氣、困惑、擔心、傷感⋯⋯身心都很累。很無奈，但『無咁大個頭唔好戴咁大頂帽』，我也有自己的家庭，只能在自己的範圍盡力而為，沒法二十四小時照顧，當我不在院舍、不在醫院，就要接受，放下。我沒有放棄她，但作為照顧者一定要平靜，才能繼續照顧。

心比腦更有力量

我相信心比腦更有力量。當媽媽截肢入院，有親友來探，我站在床的另一邊，看著她和親友，很難過，這樣堅強的女人沒有了腳。當時我想起奧地利心理學家Viktor Frankl，他曾經

被關在猶太集中營，體會是當情景無法改變，就要挑戰自己改變，人最後的自由，就是決定用甚麼態度面對。他形容這是the last of human freedoms（人類最後的自由）。

「阿媽你沒了腳，但仍然有the last of human freedoms，可以用不同的態度去面對日後的生活。」我心裡這樣想，她轉過頭來，眼神很堅定，像是收到我的心聲，並且點了一下頭。

我沒有想過她會收到，尤其她並不懂得英文！

認知障礙症的病人就算沒有言語，仍然可以溝通的，護士、護理員怎對待，病人是知道的。媽媽由還能翻書，變成被綁在床上，失去活動能力；插喉後就沒法自己吃，也放棄不張開眼⋯⋯一旦退化，就沒法逆轉。

照顧以人為本，和以方便為本，很大分別。」

哀傷的權利

「媽媽，爸爸走了。」媽媽聽後，哭了一會。隔天，她又問老伴去向，家人只好再説一次：「爸爸走了。」她聽後又哭又鬧，埋怨其他人不早點告訴她，大發脾氣。

在大銀主辦的大智飯局上，服務認知障礙症患者多年的社工單淑勤來談喪親哀傷。「講完又講，喊完又喊。」她説認知障礙症患者經常忘記親人已離世，不斷追問逝者在哪裡。身邊人當然感覺不好受，一邊要照顧有認知障礙症的親人、同時要辦理逝者的身後事、還要處理自己的情緒：「對照顧者來説，其實就像打仗。」

講唔講？

有些照顧者認為應「唔講。」

照顧認知障礙症患者，要懂得分散他的注意力。例如患病的父親每天都要吃鮮魚，碰巧某天家人沒買，他不斷問：為甚麼沒有魚？家人只好説：「休漁期，街市沒魚賣。」

當有親人離世，照顧者或會認為瞞騙比講真話更易處理。有參加者直言與其要患者接受不能承受的現實，不如瞞他一世。

「要講！」單淑勤堅持：「對認知障礙症患者而言，時間並不能沖淡一切。」不提起、有所隱瞞，只是將事情拖延；拖到某一日，問題又會浮現。她説起陳婆婆的故事。

出席葬禮

　　陳婆婆有認知障礙症,丈夫入醫院後,婆婆不時會問起,子女沒有隱瞞,還帶她去醫院見最後一面。但過了一、兩日,婆婆又再問,「突然」知道丈夫離世後,她反應很大:憤怒、哭鬧,埋怨。

　　家人忙著辦後事,將婆婆送到日間中心。單淑勤每天跟她傾談,會「不經意」提起丈夫離世,起初婆婆仍然錯愕、傷心,後來情緒漸漸穩定,還説想去靈堂。

　　葬禮當日,婆婆先回中心,由家人和單淑勤陪同去靈堂,可是婆婆在車上知道自己正前往靈堂,突然又大哭大鬧!「都説了不要讓她來,都是你迫她來。」親人一邊哭、一邊埋怨單淑勤。從西環去北角,短短十五分鐘的車程,大家都非常難受。

　　陳婆婆在靈堂依然激動,看見靜靜躺著的丈夫,大叫:「為甚麼睡在這裡?快起來!我要去街。」然而經過一段時間後,婆婆情緒得到疏導,慢慢接受丈夫的離世,家人也都釋懷。

學習面對

　　參加者Bianca也分享了她媽媽的故事。「願意講死,真的好重要。」Bianca爸爸走時,媽媽患上了初期認知障礙症,不時會問爸爸去了哪裡,Bianca就説:「爸爸去了一個地方……有一天你也會去那個地方,我也會去。」

當媽媽認知障礙症到了中期，家人安排她住進院舍。媽媽在院舍交了幾個朋友，其中一位伯伯後來走了，院舍職員不敢告訴院友。「他們不敢講死。」職員不說，Bianca 就自己講，媽媽聽後淡然說：「叫他女兒不要哭吧。」媽媽還可以安慰其他人，Bianca 覺得全因大家一直願意面對、敢於講死。

「患者不是一嚿飯。」縱使曾被埋怨，單淑勤仍然相信，只要有適當的哀傷輔導，患者同樣可以接受和面對喪親，同樣有哀傷的權利。

「Taking、Experiencing、Learning、Relocating。」單淑勤說自己這些年來都是用這四個步驟來幫助患者：在傾談過程中，接納患者的感受，盡量讓他講，給患者安全感，陪他去面對現實、跟他一起經歷分離的痛苦、共同學習適應沒有逝者的生活、把對逝者的感情轉移，多分享些與逝者一起的開心時光。「我們輔導，不是要他忘記，而是幫他學習面對。」

最後的醫療意願

謝俊仁醫生退休前是聯合醫院院長，長期擔任醫管局臨床倫
理委員會主席，在生死學堂上，他以香港紓緩醫學學會榮譽
顧問身份解釋預設醫療指示。參加者也問及認知障礙症如何
作決定。

謝俊仁：　醫療科技日新月異，疾病到了生命末期，仍然有很多科技似乎
可以延長生命，但其實只是延長了死亡的過程，對病人來說，
可能傷害多過好處，亦有可能違反病人的意願。病人清醒時，
可以自己叫停，不清醒時，其中一個方法就是靠預設醫療指示，
預先說明不要甚麼維持生命的治療，這指示如果有效並且場合
適用，就有法律地位，是要尊重的。

　　「有效」是指病人簽署時醫生證明神智清醒，有足夠資訊作
決定。如果使用的不是法改會和醫管局的預設醫療指示表格，
文字寫得不清楚；或者沒有見證人；家人覺得是受人影響等等，
都會影響效力。

　　「適用」是指示要在指定的情況下生效，例如不能逆轉的末
期病，到了生命的最後階段，可以拒絕指定的治療，但末期病
人突然意外撞車，這不會適用。

　　在香港，醫管局的預設醫療指示主要是讓末期病人，透過預
設照顧計劃去簽署。計劃強調的是溝通，病人、家人、醫護人員
之間去準備病人最後的照顧計劃。不是每一個病人都想談，要有
心理能力接受，過程亦不容易，醫護人員一定要有好的溝通技巧
和適當的知識，不是一項項清單去剔，要有仔細文件記錄。

　　現時醫管局還有「不作心肺復甦術」（DNACPR）表格。住

院病人簽了 DNACPR，心臟停頓時不會再做心肺復甦術。病人出院了，住在家或者院舍，醫管局醫生都可以簽署「非住院病人」的表格，惡化時送醫院，急症室醫生看表格就知道。有這醫生證明，會好好多。

現在問題是消防處並不接受，救護員照樣替病人進行心肺復甦，要爭取政府改變政策。

我建議醫護人員更多教育和理解，早點和病人及家人談；政府要對末期病人有整全的照顧政策；公眾人士需要多一些了解，尤其是年紀大的更需提早準備，可以預先向家人表達治療取向。但不是個個要簽預設醫療指示。

最後我想強調，這不是放棄病人，醫護人員一樣要關懷病人。

好處壞處要衡量

參加者：　我是私家醫院護士，跟病人或家人談拒絕心肺復甦術非常困難，就算病人簽了，家人都會後悔，突然又有律師、「二奶」…病人一樣被送入深切治療室、找三、五個專科醫生又再續命。我想反過來問：預設醫療指示可否寫明：千萬不要讓我死？

謝俊仁：　預設醫療指示是寫明拒絕某一些治療，有些治療病人不想做，醫生不能勉強。可是病人不能預先要求醫生一定做某些治療，醫生覺得不適合就不會做。但病人可讓醫生知道自己任何機會都會爭取，醫生就懂得病人的價值觀。

參加者： 這會考慮成本效益嗎？還是醫生是要維持生命到最後？

謝俊仁： 考慮的一定不是成本效益，絕對不是為了省錢。重點是病人意願和治療是否符合病人最佳利益。醫生一定要維持生命是舊時的觀點：就算病人癌末無法呼吸，也會插呼吸機、心肺復甦術令心臟回復跳動，但病人已經不會康復，無法自行呼吸，而且心臟停頓再恢復心跳，其間腦部缺氧會受損，而且病人插滿管子會掙扎，又會被綁起來──這樣搏命地延長生命，是否病人的最佳利益？是負擔還是好處？醫生一定要學會要衡量。

參加者： 如果病人無親人，被送入醫院時已不能表達，誰替他作決定？

謝俊仁： 病人清醒就和病人談，病人不清醒就和家人談，若然沒有家人，要由兩個醫生，包括專科醫生，達成共識是否合乎病人最佳利益。

病人最佳利益

參加者： 媽媽有認知障礙症，腦外科醫生説末期不能吞嚥就要插鼻胃喉，我很想問媽媽的意願，但她已經不能表達，還有醫生會幫她簽預設醫療指示嗎？

參加者： 家人決定不為婆婆插鼻胃喉，並且很認真去學「小心人手餵食」：吃甚麼、怎樣煮、怎樣坐、用甚麼匙羹，都有技巧，很花時間。可是送到醫院，醫生早、午、晚都過來説：「你還不讓她

插喉？你想殺死她？」我們要求轉介醫院的紓緩治療科，那邊
的醫生很明白，在婆婆清醒時問了幾次，醫生簽署了 DNACPR
（不作心肺復甦術）。現在送院只要出示文件，就會讓我們人手
餵食。

參加者： 太太的嫲嫲九十多歲認知障礙晚期，大家族很多意見，好不容
易才共識不插喉、不搶救，家人盡量人手餵，結果誤嚥。後來
離世，醫生居然對家人說：「這都是因為你！」家人非常自責，
多年來都沒法放下。

謝俊仁： 腦外科醫生建議插喉，這可能是早幾年完全正確的觀點，現在
醫療研究變得很快，老人科有一些新的文獻，顯示在某些情況，
插喉與小心人手餵食的風險都相若。

　　我不能評論個別情況，概括地說：早期認知障礙症病人仍然
有可能可以簽預設醫療指示，最好找精神科醫生正式評估。但
就算無法簽署，是否一定要有這法律文件呢？病人表達了意願，
家人要尊重，醫生考慮各種因素，都要決定這治療是否合乎病
人的最佳利益。

　　雖然醫管局已經有適當的指引，但需要每一個前線醫護人
員都理解，有足夠的教育，不能只有紓緩治療科醫生較為明白。
而如果不插喉的決定，是醫護團隊和家人一起達成的共識，大
家都明白插喉和用人手餵食，都有風險，大家都接受，那醫生
就不會講這種話。

持久授權書

陸文慧律師在生死學堂解釋:「遺囑是死了才生效,而持久授權書是未過身時用的。」人口高齡化,認知障礙症患者日增;中風年輕化,病人可陷於昏迷;而癌症去到末期,亦可能神志不清。

「所以在我們還清醒時,可以透過持久授權書委任受權人,萬一將來自己變得神志不清,受權人在高等法院註冊持久授權書後,就可以用我們的財產照顧我們。」

持久授權書的不同角色

1 「識得諗」授權人

當事人要在識得諗時簽署,寫明在自己喪失精神行為能力,即神志不清「唔識諗」時生效。

2 「信得過」受權人

持久授權書的受權人,要比遺囑的執行人更「信得過」。遺囑生效時當事人已經死了,但持久授權書生效時當事人還活著,所以選受權人時,應物色具備以下條件的人選:信得過、做得妥、正直,並且比當事人年輕,清楚當事人的喜好和價值觀。例如受權人可以代當事人送禮給家人,可能當事人只想給五百元利是,但受權人一出手就一萬!那就不恰當。受權人也要列明所有開支,確保用於當事人身上,不能任意使用。

3 醫生見證人

法律規定，簽立持久授權書必須有醫生做見證人，證明當事人「識得諗」，那醫生不可以是當事人的親屬，也不可以是受權人的親屬。醫生見證人不一定要找專科醫生，但為了確認簽署人的精神行為能力，醫生會做一些認知測試如 MMSE 或 MoCA，老人科或精神科醫生對這些測試較為熟悉。早期認知障礙症患者也有機會簽署，只要有老人科或精神科醫生證明患者當時仍有足夠的精神行為能力，作關於持久授權書內容的決定。

4 律師見證人

法律規定要有律師做見證人，證明簽署是自願的，那律師不可以是當事人或受權人的親屬。持久授權書一定要找律師辦理，根據《持久授權書（訂明格式）規例》中的表格草擬，當事人在醫生見證下簽名一次，在二十八日內在律師見證下再簽名，受權人也要簽名（並有人見證），文件才算完整。如果當事人沒有寫明要待自己神志不清時才生效，持久授權書就會在當事人簽名時已生效。當事人一旦變得神志不清，普通授權書會自動失效，但持久授權書只要經受權人送交高等法院註冊，就會持續有效。為免日後麻煩，有些當事人簽署後會吩咐受權人隨即註冊，將來當事人神志不清時，受權人就可以立即代當事人管理財產。

目前在高等法院註冊的持久授權書數字相當少，雖然法例在一九九七年已生效，但直到二零一二年修訂容許律師和醫生不用同場見證，才增加到雙位數字，二零一六年註冊數字也不到二百。

陸文慧相信簽署持久授持書的數目少，除了知道的人不多，還因為不容易找到「信得過」的人，或者對方覺得責任太大而拒絕幫忙。她建議有需要時可考慮採用《持久授權書（訂明格式）規例》中的表格二，即是委任超過一位受權人，一則可互相監管，二則可減輕彼此的責任。

有些家人與當事人有聯名戶口，可領錢照顧當事人，但這不能處理樓宇等資產，而且其中一位戶口持有人過身後，除非該聯名戶口訂明有尚存者取得權（survivorship），否則銀行有權不讓另一人提款。

當事人沒有持久授權書，在失智後又需要動用財產照顧自己，補救方法是由家人向監護委員會申請做監護人，但每月只可以用一萬多元，做監護人主要代為處理當事人的健康福利事宜，例如決定及安排是否進院舍、做白內障手術等等。

如果生活費不夠用，家人要聘律師去高等法院申請做產業受託監管人，才可以動用更高額的生活費，以及處理當事人的物業和股票，申請程序既花費時間和資源，成功與否更是未知之數，而且申請人也不一定是當事人未失智前心目中的最佳人選。

陸文慧透露目前持久授權書收費，見證醫生收費由二千五百元到五千元不等；律師可以低至四千至六千，但亦有律師樓表示要十幾萬元，視乎當事人的個別情況。她希望政府可以提供「長者平安三寶券」，像醫療券一樣，讓長者更大動力立遺囑、辦持久授權書，並且按需要簽署預設醫療指示。

持久授權書將會有新法例，除了財產外，受權人還可以照顧當事人的健康和福利，包括代作醫療上的決定。

如何訂立持久授權書?

STEP 1

選定委任人

一份持久授權書,最多可以有四位委任人,不一定是子女,也可以是朋友、兄弟姐妹,甚至信託機構。

STEP 2

草擬持久授權書

持久授權書有官方格式,但法例提供的只是一個「可調動財務的上限」,訂立人可以按個人意願修改,例如打算把租金收入用作支付院舍開支等。透過加設各種限制,保障訂立者。

持久授權書主要是財務管理
- 收取須付予授權人的任何入息、資金
- 出售授權人的任何動產
- 出售、出租或退回授權人的居所或任何不動產
- 使用授權人的任何入息、資金
- 其他指明財產或財政事務的代行

STEP 3

醫生見證

訂立者需要先由醫生確認,在精神上擁有行為能力,再與醫生一同在確認書上簽署。現時只要註冊醫生都可以簽署。

STEP 4

律師見證

在醫生簽署後的最多二十八日內，訂立者需要由香港的執業律師確認精神上行為能力，並作為見證人，與訂立者在確認書上簽署。而委任人亦需要在委任書上簽署。

最好醫生和律師都在同一天簽署，否則病情隨後發化，一些訂立者過了醫生一關，但律師認為訂立者沒有精神行為能力而拒簽。

STEP 5

登記

簽署後的持久授權書要在高等法院登記，才會生效，一些訂立人會選擇暫時不登記，方便改變主意後修改；一些會馬上註冊，以免意外發生來不及。

STEP 6

收到確認信

在處理登記後，司法機構會發出確認信。

STEP 7

行使持久授權書

在確認登記後，持久授權書便可以使用。等到在訂立者失去精神行為能力時，委任人可執行相關的財務安排。若多於一位委任人，也可以在訂立時，指明必須「共同行事」，或是可以「共同和個別行事」，即是當某一位委任人無法執行，也可確保有其他人能執行。

DEMENTIA CAFÉ

文：黃曉婷、姚敏惠

附錄
大智飯局

《大人》雜誌二零一七年九月創刊號出版「全港認知障礙症資源地圖」後，向讀者呼籲三項行動：

半小時	半日	半年
上認知障礙症網頁成為認知障礙症之友	一齊參觀耆智園	參加路得會腦玩童俱樂部，學習跟長者玩健腦遊戲

十一月《大人》在售賣點之一的觀塘 café 8104 生活盒子，邀請有興趣的讀者一起關注和行動。第二次會議後大家決定要支援更多照顧者，其中一位並且捐款，二零一八年三月開始協力每月在深水埗舉行「大智飯局」。

照顧者的飯局

「爸爸患病初期，我們第一個反應是覺得他『黐咗線』！」

照顧者 Maggie 在深水埗生龍清湯腩分享照顧爸爸的經驗。

這是大銀第一次公開舉辦的大智飯局 Dementia Café。

在電影《女人四十》裡，家嫂蕭芳芳照顧患認知障礙症的家公喬宏，笑中帶淚，這部電影在一九九五年上演，二十多年來，香港對患者和照顧者的支援，卻沒有顯著改善。

二零一八年三月八日婦女節，大智飯局播放了這電影的節錄片段，大家都非常有共鳴：香港人依然不認識這病、日間中心照顧不足、入住院舍難、患者走失、照顧者過勞……照顧者Maggie說，很多片段，都勾起她照顧患病爸爸的心事。

「爸爸對飯菜要求很高，不好吃就不願吃飯。」Maggie回憶，從小到大，在家中吃飯時一定要有魚，有一次爸爸發現沒有魚，開始質問媽媽：「為甚麼今天沒有魚？」媽媽很機靈，立即說：「臨近新年，魚都賣完了。」「淡水魚也沒有嗎？」「沒有鹹水魚，人人也走去買淡水魚嘛，很快賣完了。」面對認知障礙症病人，有時候真考起照顧者的應變。

找錯中心長等社工

Maggie從二零一五年帶爸爸看私家醫生，確診患病，兩年多來不斷找資源、參加照顧者課程，當晚她詳細分享了找服務的經驗：「最難是找對中心，我在區內去了四個長者機構，都說去錯地方！」

找對社工，又要等社工有空，爸爸確診半年後，才終於有社工家訪評估：「評估文件五、六十頁，接近兩小時才完成，

很考長者耐性。」稍為焦急的照顧者，或專注力不足的長者，或許很快就會放棄。Maggie再三鼓勵照顧者不要放棄：「找服務時就算被拒絕，不用怕，因為有些個案或許在半年後會重新審閱。」

分組交流心得

Maggie分享各式各樣的申請貼士後，參加者分成五組，交流心得。有女士坦言現在是長輩在照顧患病的家人，但長輩年紀也大了，自己要預備頂上；亦有大學生希望了解現有政策，當晚還有社工、老人科醫生、社署職員，帶來很多照顧者資訊。

飯局完結後，參加者談得興起，都不願離開，還開了WhatsApp群組繼續交流。

生龍清湯腩的負責人Fanny當晚也一起參與討論，決定義務提供地方舉辦大智飯局，希望支持認知障礙症照顧者，互相支援。

一起玩遊戲

照顧者盧華志會和患有認知障礙症的媽媽，嘗試畫畫音樂等不同的健腦活動，媽媽最喜歡是玩遊戲：「有次借了『快落馬騮』玩具回家玩，媽媽之後常嚷著要多玩幾遍：『我好想念那些馬騮仔！』」

　　大銀約十位義工參與訓練成為路德會「腦玩童」認證指導員，並到社區不同單位與認知障礙症患者玩。這次有五位來大智飯局分享，生龍清湯腩也特地派員工一齊學。

　　桌上都是「腦玩童」借出的玩具，玩法可以按情況改變，不同國籍和年齡的照顧者，都可以和患者開心地玩。義工Anita說：「遊戲重要是讓長者發揮創意，動腦筋想到新玩法。」玩玩具的時候要小心觀察，由淺入深，慢慢加強難度，讓長者建立自信，才會樂意繼續。

　　義工阿姿覺得部份長者自尊心強，會抗拒玩玩具，要抱著正面態度多游說。義工Terry亦同意要尊重長者：「玩具特地用膠盒裝著，強調不是讓小孩玩的。」義工Alehx說氣氛好長者投入後，就會開始聊天，慢慢建立起社交關係。

一齊玩開心笑

　　在場的照顧者開始討論自己家人的情況，想像可以有什麼不同的玩法：「患者手指不靈活，可以只辨認顏色和圖案。」「積木

這麼多，可讓他們數數目。」「車子可以化身成角色，讓長者發揮創意說故事。」「開始遊戲前要先組裝玩具，這部份已是訓練之一。」其中一組觀察「走佬雪糕車」遊戲，一共創出十種新玩法！

有照顧者還帶來認知障礙症的婆婆。婆婆視力不好，最初不太願意：「我都看不清楚，怎麼玩？」大家鼓勵下，終於主動拿起積木。一副接龍遊戲時而是配對遊戲，考驗婆婆的記憶；時而變成積木，讓婆婆動動手，疊得高高的，婆婆和家人都玩得很開心。

十種方法變化多

路德會「腦玩童」俱樂部社工解釋每位長者的需要、興趣、能力都不一樣，最簡單如男女之別：伯伯們喜歡與邏輯推理有關的玩具，像困在顏色板塊的雪 糕車，要推來推去開出一條路；婆婆喜歡接龍、魔力橋等，幾個人一起玩可以玩兩小時。

這些玩具，在家裡也可以玩，透過遊戲減慢退化。外傭照顧時間漫長，可以一起玩遊戲，大家輕鬆一點。小孩子、老人家亦可以一齊玩。

十類「腦玩童」玩具

記憶
Recalling & Memory

配對
Matching

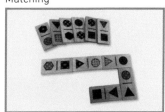

拼圖
Puzzles

集中及反應
Attention & Reaction

創意及建造能力
Creativity & Construction

運動及平衡技能
Motor Skills & Coordination

數理概念及邏輯思考
Calculation & Logical Thinking

視覺及空間感知能力
Visual & Spacial Perception

電子產品
Electronics

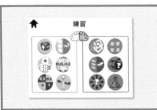

棋盤及卡牌遊戲
Board & Card Games

禪繞畫減壓力

一圈、兩圈、三圈，在小紙上畫呀畫，好快就過了一小時。「集中得停不下來。」參加者終於打破沉默，寧靜的飯局慢慢變得熱鬧。這次飯局來了不少新晉照顧者，有的自己來減壓，有的更一家前來。

禪繞畫是一個紓緩壓力的方法，有助照顧者暫時將注意力從繁重的照顧工作上放開。「沒有對錯，只是隨心畫，人人也畫到，畫的時候可以很投入，甚麼也不想。」智活記憶及認知訓練中心服務經理楊思純説。

照顧者分享，曾經跟媽媽一起填顏色，自己減壓之餘，讓媽媽培養集中力，卻弄巧反拙：「曾經玩過填色簿，但是填到一半已經眼花了。」楊思純笑說，給照顧者的活動，切忌太複雜：「一大張紙的話，好像永遠不能完成，照顧者時間不多，這樣小小一張，乘車前花點時間畫，給自己放空的機會。」

其中一名新晉照顧者畫畫時，不禁想起照顧上的煩惱。「奶奶六十六歲，確診九個月，我們知她健忘，想她記下一些片段，建議不如寫日記，她收下，回家卻跟老爺說不想寫。」後來才知道奶奶根本不喜歡，還覺得很大壓力，卻不知還有何辦法幫她。

「聽説過如果再退化，她或許會把鞋子放進雪櫃中！」照顧者有點擔心的説。

「我媽媽也試過，於是我説，啊，媽媽你的鞋櫃真特別，怎麼這樣冷。」Bianca照顧認知障礙症媽媽三年，面對各種照顧問題也是笑著解決。「我學習到遷就她，盡量讓她繼續獨立做事，即使她有時會説錯話，也不要責怪她，先讓她情緒穩定下來，她自己也會意識到有問題。」同桌的照顧者不禁大舉拇指。

小組裡，資深的照顧者教新晉的照顧者解決日常生活大小事；已「畢業」的照顧者又教照顧者申請服務，恍如一個照顧者補習班，互相打過氣後，再上路。

禪繞畫

美國藝術家夫婦發現隨意畫圖可以專注，更令人心情放鬆，在二零零四年發明禪繞畫(Zentangle)。禪繞畫的繪畫技巧簡單，以不同圖案組合成圖畫。圖案以簡單線條為主，圓點、直線、曲線、圓型等，著重作畫時沒有對錯，不需起稿，不必有負擔，讓人可透過畫畫減壓。

活動　# 食物曼達拉

「人人都要吃東西，參加者看見食物，必定會有反應。」這次飯局請來從事食物教育工作的Larana主持，希望以食物刺激感官，引發認知障礙症患者對味道的聯想，讓他們動動腦筋。

　　兩年前，Larana將食物教育與心靈課程合併，連結食物與藝術，自創Food Mandala（食物曼達拉）。曼達拉意指圓形圖案，圖案以不同形狀組成，由中心開始，向外擴展。曼達拉創作屬藝術治療之一，對不同受眾也有放鬆、治癒心靈的效果，患者和照顧者也適合，這次飯局吸引了不少照顧者參加。

Larana曾在嘉道理農場暨植物園擔任永續生活主任，負責食物教育推廣工作。現為自由工作者，從事食物教育及能量療癒工作。她留意到坊間有不少延緩退化的方法，自己對食物的認識較多，覺得食物跟生活息息相關，於是以食物作媒介激發思考：「長者可能會很抗拒畫圖畫，因為真的不懂畫。以食物做創作就不同了，只是拼砌，比較容易接受。」

辦食物工作坊，每次的主題都不同。有一次帶了味道較濃的滷水香料，希望讓認知障礙症患者有共鳴，回想起自己的生活。果然，老一輩聞到熟悉的味道，立即很大反應，想起以前常常做的滷水食物，開始訴說往事。「有些食材，患者可能聞一聞，就會想起一道菜，甚至製造共同話題，主動跟身邊的人聊天。」Larana說。

看心情選食物

飯局上預備了八款食物，參加者可隨喜好挑選，製作食物曼達拉。「有些人很挑食，選擇的食物某程度上反映了他的心情。」Larana發現，有時候突然想吃某種東西，表面上好像是饞嘴，其實可能是一種發洩情緒的方式，「有天晚上做完活動回家，突然好想喝啤酒，讓自己喝了半罐，我覺得好像救了自己一命！就像有些人壓力大時，總想吃甜食一樣。」

選擇食物的過程中，選了哪種顏色？選了甚麼味道？照顧

者可嘗試觀察患者的喜好，或會有助了解他們的心情。拼拼湊湊，每人手中漸漸成了個獨一無二的圖案，還各自取了個名字。「這個叫『笑哈哈』。一把年紀了，世事多幻變，希望仍然能笑著過日子，笑傲江湖。」照顧者分享説。

正念進食減壓

　　Larana曾舉辦專屬認知障礙症患者的一連串工作坊，發現一般患者總會想著不愉快的事：變得健忘、要人照顧、未來情況或會繼續變差......疾病除影響到他們的生活，還影響到心情。想改變他們對疾病的態度，不容易。因此食物曼達拉工作坊中必定會有慢食（mindful eating）的環節，Larana帶領參加者靜靜進食，細味食物的味道，想像食物的來源，連結與大自然的關係，透過欣賞食物，慢慢放鬆心情。

　　飯局上響起柔和的音樂，參加者先跟自己的作品交流，欣賞眼前的作品。選一款最喜歡的食物，再吃下想吃的，最後至少每件食物也咀嚼三十下才吞嚥。「慢慢進食，彷彿回到以前上過的一節靜觀課，那一刻起，已經再聽不到外面的聲音，很平靜。」照顧者Maggie事後分享，慢食的確有減壓作用。

　　食物曼達拉其實可以帶回家中，跟認知障礙症患者一起實習，放鬆心情。最重要是照顧者也能參與其中，跟患者互相陪伴。

療癒的撫觸

市面上有五花八門的治療法延緩認知障礙症惡化，然而，我們很容易忽略陪伴和身體接觸，對患者而言同樣有幫助。

「患者未必記得你，但是只要扶著他、觸摸他，他覺得舒服和安全很重要，他會有溫暖、滿足的感覺。」穴位按摩導師兼照顧者 Shirley 在大智飯局上講解按壓穴位如何幫助放鬆、減低身體不適的症狀，認知障礙症患者和照顧者也適用。

Shirley 為強身健體學習穴位按摩，後來照顧有認知障礙症的奶奶，覺得很有用。她退休後全力參與長者服務：「我很害怕不知道自己未來會怎樣，想先有心理準備。」

奶奶患上認知障礙症，Shirley 照顧很吃力，唯有不停去圖書館看書、找資料。「那時跟奶奶外出，她在街上大叫：『不知道她要帶我去邊！快點幫我！』我覺得她瘋了。」家人決定送奶奶到院舍，奶奶做評估時很緊張，於是 Shirley 扶著她，握著她的手，她就安定下來。

Shirley 發覺簡單的觸摸，可以讓患者情緒穩定：「手的碰觸，身體會感應到不是外物，效果事半功倍。」

陰力慢慢按

Shirley 說穴位按摩除了以觸摸穩定情緒，還可促進血液循環：「我們講節奏，慢慢按揉，令人放鬆和舒服，按摩自然就有作用。」一些患者常見的問題，例如走動不方便、排便困難，按穴位也有助改善，例如打圈按摩肚子，由內而外按揉左右手的無名指。

參加者在大智飯局上嘗試穴位按摩，有人按得手指通紅，Shirley 連忙提醒：「要用陰力，感覺有力但不痛，好像要掃走積水一樣。太大力、太快的話反而撥不走呢。」學習了幾個穴位後，大家都急不及待想練習，嘗試替其他人按壓穴位。「好溫

柔，我覺得比自己按壓更舒服。」參加者分享說。「被關心的感覺，很放鬆。」參加者雖新相識，卻暖在心頭。

心態比技巧重要

Shirley強調照顧者的心態比按摩技巧重要：「我有時回想：照顧者一定要幫被照顧者嗎？」她說照顧者不快樂，因為覺得只有自己一直付出，一直幫忙，要上不同的課程學習照顧，沒想到是與患者同行。

「不要常常說『我來幫你』，可能說，我跟你一起做。被照顧的那位，也就不會覺得自己是負累。」她形容就像穴位按摩，不是單向的幫患者，而是跟患者一起強身健體。

「我們這一刻是照顧者，日後有機會成為被照顧者。希望大家可以先預防疾病，並造福給你照顧的人。」Shirley提醒大家。

必學穴位 — 百會穴

全身經絡交匯之穴位，可激活身體的治癒能力。

功效：起床前敲，可強身，減輕頭痛、頭暈症狀；晚上睡前敲，可減壓，使人放鬆，改善睡眠。

位置
頭頂正中央

按摩方法
握空心拳，
以手腕力輕輕敲打。

撫觸療法

研究發現，撫觸有助減低認知障礙症病人的心跳、血壓，並減少因病而出現的症狀如抑鬱、焦慮等。撫觸一方也會有相同反應，幫病人時，照顧者也能得益。在瑞典，觸摸已成為輔助療法之一，護理時會加入撫觸，刺激患者大腦。護理強調以患者為中心，循序漸進的與病人交流，以撫觸穩定患者情緒。

神奇的香薰

患認知障礙症的老太太常對丈夫發脾氣，參加過香薰治療師主講的工作坊後，二人手拖手離去。香薰無形的氣味，卻拉近了人與人的距離。

「香薰治療是輔助療法，有些處理不好的小毛病，如失眠、痛症等，可藉精油來紓緩症狀。」何德萊Chamie是香薰治療文憑課程的註冊導師，十二年前已開始往長者中心和院舍，講解香薰治療對長者、尤其認知障礙症患者的好處。她解釋，病症

會影響腦細胞傳遞訊息的化學物質如乙醯膽鹼,而精油的天然化學成分有強化作用,有助刺激記憶、延緩衰退。如山雞椒精油有激勵性,對於不肯出門的患者就最適合。

Chamie這次主講大智飯局,參加者輪流吸聞著沾上精油的試紙,有些是果味,也有草和木香氣味,大家心情都放鬆了。Chamie說:「薰衣草精油可以紓緩情緒,佛手柑等果皮類精油有抗抑鬱功效。」如沒有精油,也可以用橙皮代替。睡前半小時讓患者拿著橙皮,以果皮表面互相磨擦,用來吸聞有助改善情緒和有助入眠。

Chamie遇過一個體格健壯、曾經習武術的患者,情緒激動起來,周遭的人都會中招。她笑說:「我也試過被打一拳呢!不過為他洗澡的嬸嬸更慘,早已掛上熊貓眼。尤其睡不好的日子更易激動。」讓他吸聞可放鬆情緒的穗甘松精油,日常的照顧因而順暢得多。

「患者睡不好就易發脾氣,照顧者會忙得多。」她說患者和照顧者均可用乳香精油,睡前把思緒平靜下來。「份量不用多,就在枕邊左右各滴一滴。」

Chamie示範如何進行耳朵和手部按摩:植物油稀釋精油後,塗抹在手,慢慢從耳珠、耳廓、掌心、手指輕輕按摩。「按摩是香薰治療很常用的方式,自己按摩是保健,互相按摩是接觸,對兩者的關係都有幫助。」

　　一些參加者早已認識香薰治療。像文英正是Chamie服務那間中心的義工。她分享説:「很多患者平時很頑皮,但按摩時都會乖乖合作,按完後也會開心多了。」另一位參加者Winnie是照顧者,「我會幫媽媽按摩,她雖然失去記憶,但同樣感覺到按摩的舒服,也從接觸感覺到愛。」

認知障礙症適用精油

情緒激動、遊走
薰衣草、依蘭、穗甘松

思緒混亂
羅勒、鼠尾草、松

提升睡眠質素
乳香、甜橙、岩蘭草

香薰治療安全守則

標明
拉丁學名

標明100%
純精油

① 必須使用100%純精油、樽身
標明植物拉丁學名

② 可使用香薰爐,也可滴1-2滴
在小袋巾、衣角或睡枕上

③ 純精油濃度甚高,按摩或浸浴前
需要稀釋。可以30毫升植物底
油加入10至15滴精油作按摩

④ 部份精油有使用禁忌,如果皮
類用後不能曬太陽

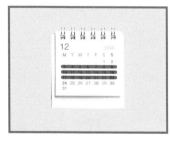

⑤ 單一精油不建議使用超過三
星期

⑥ 因應不同的需要和個人狀況選
擇,最好先諮詢專業及註冊香
薰治療師

一場持久戰

認知障礙症由初期、中期到晚期，情況不斷改動，照顧者要能規劃及預備不同的照護方案。

Maggie的爸爸在三年前正式確診認知障礙症，於是在工餘時間積極報讀課程，更成為認知障礙症照顧策劃師，在飯局上分享照顧策劃的重點。

「照顧是十多年的事，不要輕視照顧過程。」Maggie說。從評估，確診，治療，直到步入晚年，歷時十多年，該怎好好計劃照顧？Maggie強調照顧者是整個照顧策劃最重要的部份：「照顧者要留意自身的精神狀態，沒有身心的健康，你不可能照顧到別人。」

席上有照顧者的丈夫五十多歲就患上認知障礙症，因為未能申請長者服務，照顧壓力很大，邊說邊落淚。看著情況越來越差，更是不知如何是好：「年紀大患病，我們已經接受他會老、會退化，但是年輕的，很難受，這是比死更難受的折磨。」她說丈夫病後，性格也變了，有時太難過，只好躲在廁所哭。

病人最佳利益

照顧者長期累積壓力，Maggie認為最重要是認輸，不要跟患者抗衡。「站在患者的角度想，那些都是症狀引起的情緒變化。」Maggie解釋，越了解這個病，會明白患者只是氣自己，不是想

責怪家人。有一些中心替患者評估同時,也會幫照顧者做抑鬱症評估,Maggie 建議大家善用這些服務:「做評估可以給自己指標,想想是否需要幫忙。我們要審視自己的能力,自己知自己事。」

照顧者 Rickie 回應,要社區有足夠意識,才能讓患者繼續在社區獨立生活:「當大家知道這個病,要互相幫助。」爸爸認字能力弱,她有時會狠下心腸,點單時撇下爸爸:「他知道不能倚賴我,會自己想辦法。」她盡量讓爸爸嘗試,員工諒解,樂意幫忙,讓她更放心。爸爸後來學會製作「貓紙」,記下喜歡的食物,自行到酒樓飲茶。Rickie 看到爸爸的生活變得充實,經常看電影、到公園下棋,逐漸有社交生活:「不要為照顧而幫他做事,建立到他照顧自己是最好的。」

Maggie 認同社區支援很重要:「要跟社區建立關係,社區人士提醒患者時,也是幫了自己。」另一位照顧者說,爸爸患病八年,從不介意讓別人知,反而越多人知越好,當區內的人也知道爸爸有這個病,會令家人放心不少。「例如晚上他突然外出,管理員會知道,就會通知我們。」

盡力就好

這次大智飯局八成以上參加者是照顧者,這邊在沸沸揚揚的講申請院舍服務,那邊熱烈討論認知訓練,大家都帶來好多疑問,互相請教。

　　服務認知障礙症患者十多年的社工單淑勤指出，現時漸多人關注這個病，照顧是社會需要一起面對的事，不再是個人的事：「接受服務並不等於你是失敗者，照顧者要記住自己是有血有肉的人，始終有一天會跟患者分開，你如何令自己的身心健康？」她服務期間曾接觸一些照顧者，因為過份著緊，廿四小時守在患者身旁，卻失去了身邊的朋友，沒了自己的生活，長者離世後情緒就出問題：「試想想，長者想最愛惜自己的照顧者變成這樣嗎？我們要學懂好好調適。」

　　「我經常形容照顧是遊戲，這樣心情會放鬆一點。」Maggie笑著説。照顧是場持久戰，要學會喘息，才能繼續走下去。「盡了力就很好。」

認知障礙症照顧策劃師

香港認知障礙症協會為社福醫護界專業人士設計認知障礙症照顧策劃師課程，內容包括認識不同類型的認知障礙症、評估方法、介入患者、照顧者及預設照顧計劃。參加八十小時的課程後，即可成為認知障礙症照顧策劃師，在家居、社區及醫院，因應患者及家人不同階段的需要，協調患者的照顧。

大人叢書

香港認知障礙症
資源地圖

大人雜誌 編採團隊	王寶瑩、林茵、江麗盈、姚敏惠 陳曉蕾、黃曉婷、廖潔然、羅惠儀
協力	方曉盈
策劃	陳曉蕾
書籍設計	Half Room 麥鈞迪、李璟恒、邱俊
出版	大銀力量有限公司 九龍大角咀櫸樹街 7-13 號 豐年工業大廈 1 樓 C01 室 bigsilver.org
發行	大銀力量有限公司
承印	Asia One Printing Ltd
印次	2018 年 12 月初版
規格	148mm×210mm 192 面
定價	港幣 138 元
國際書號	ISBN 978-988-79069-7-1
版權所有	大銀力量有限公司 © 2018 Big Silver Community Limited.

BIG SILVER
COMMUNITY
大銀力量

記得

患者在喪失認知能力前，建議先做
「平安三寶」：找律師和醫生簽署持
久授權書，讓受權人可處理財產照顧
患者；找醫生簽署預設醫療指示或談
妥預設照顧計劃，決定末期的醫療安
排；立遺囑處理遺產。